H J. GRAMATZKI

PROBLEME DER KONSTRUKTIVEN OPTIK

PROBLEME
DER KONSTRUKTIVEN OPTIK

UND

IHRE MATHEMATISCHEN HILFSMITTEL

VON

DR. H. J. GRAMATZKI

mit 82 Abbildungen

2. durchgesehene Auflage

1957

AKADEMIE-VERLAG · BERLIN

Erschienen im Akademie-Verlag GmbH., Berlin W 8, Mohrenstr. 39
Lizenz-Nr. 202 · 100/292/57

Offsetdruck: VEB Druckerei „Thomas Müntzer", Bad Langensalza
Bestell- und Verlagsnummer 5131
Printed in Germany

VORWORT

In den letzten Jahrzenten ist die Optik in steigendem Maße auf allen Gebieten der Technik, der Industrie und der wissenschaftlichen Forschung eines der wichtigsten Hilfsmittel geworden. Auch der Physiker, der Ingenieur, der Biologe, der Chemiker und der Mediziner kommen in engste Berührung mit konstruktiven Problemen der Optik, deren technische Bewältigung sie zwar meist dem Spezialisten überlassen müssen, aber deren prinzipielle Beherrschung und zunächst generelle Lösung durch sie selbst von größtem Vorteil für die Erreichung der besten Konstruktion wäre. Der optische Rechner wird vielen dieser Gebiete zumeist fremd gegenüber stehen und, wie es der Verfasser häufig erlebte, erst nach den Mißerfolgen der ersten Bemühungen sich in das Problem hineingelebt haben, um nun einen besseren Weg zu beschreiten, den man ihm aber von vornherein hätte angeben können.

Auf Grund von dreißigjähriger industrieller Praxis auf dem Gebiete der Optik will der Verfasser nicht nur dem optischen Konstrukteur, sondern auch dem Wissenschaftler und dem Ingenieur (elementare Kenntnisse der geometrischen Optik werden vorausgesetzt) Wesen und Wirkungsweise optischer Grundelemente zugleich mit ihrer spezifischen mathematischen, mithin rechnerischen Struktur in einer Form nahebringen, die sowohl Einsicht als auch Beherrschung ermöglicht. Die Erfahrung hat gelehrt, daß auch gute Kenntnisse der geometrischen Optik allein nicht die erwartete Hilfe leisten. Sie haben, wenn der Vergleich gestattet ist, mehr lexikalischen Charakter, das heißt, sie leisten die Hilfe eines Wörterbuches, aber nicht die einer Sprachlehre.

Hinzu kommt, daß die Theorien vieler wichtiger Konstruktionselemente in der Literatur verstreut sind. Es gibt umfangreiche Bücher über geometrische Optik, aber irgendein spezieller, durchaus nicht immer seltener Fall ist in ihnen nur kurz gestreift oder gar nicht behandelt. Man ist also gezwungen, andere Werke aufzufinden und nachzuschlagen. In den Jahrzehnten der Praxis hatten sich zahlreiche Fälle angesammelt, in denen bestimmte konstruktive Probleme, wenn auch vielfach variiert, immer wiederkehrten und das Bedürfnis begründeten, sie in ihrer Gesamtheit sowohl technisch als auch mathematisch in eine Form zu bringen, die die Mittel zu ihrer kritischen Betrachtung und Lösung enthielt.

Erfahrungen tragen keinen systematischen Charakter, und so war die Aufgabe gestellt, sie in einer Anordnung zu bringen, die dem Leser die praktische Benutzung des Buches ersprießlich macht. Auf die strenge Systematik eines Lehrbuches mußte verzichtet werden. Hier bin ich Herrn Obering. F. HODAM vom Optischen Institut der Deutschen Akademie der Wissenschaften für seinen Rat, seine Vorschläge und Mithilfe bei der Korrektur zu besonderem Dank verpflichtet. Ich hoffe, daß die Aufgabe in zufriedenstellender Weise gelöst worden ist.

Der Methode der graphischen Durchrechnung optischer Systeme ist ein besonderes Kapitel gewidmet. Dies geschah, weil sie den Zeitaufwand auf etwa ein Zwölftel jenes der trigonometrischen Durchrechnung vermindert, den Strahlengang anschaulich erkennen läßt und die prinzipielle Wirkung von Änderungen des Systems auf die Fehlergrößen in wenigen Minuten offenbart, wozu sonst mindestens eine Stunde Rechenarbeit nötig war. Die graphische Durchrechnung ist eines der unentbehrlichsten Hilfsmittel für den optischen Konstrukteur. Auf den Einwand der geringeren Genauigkeit läßt sich hier entgegnen, daß man auch mit einem ungenauen Thermometer mit Sicherheit feststellen kann, ob die Temperatur steigt oder fällt. Wo immer es möglich war, Vereinfachungen in der trigonometrischen Durchrechnung einzuführen, sind entsprechende Formeln angegeben worden.

Da die Vorzeichenfrage bei der Durchrechnung eine der gefährlichsten Klippen ist, sind den Rechenschemata numerische Beispiele beigefügt worden, in denen die Vorzeichenregeln praktisch in Erscheinung treten. Für ihre Mitarbeit bei diesen Beispielen möchte ich meiner langjährigen mathematischen Assistentin, Fräulein KÄTHE GALLUS, meinen besten Dank aussprechen. Dieser Dank gilt auch dem VEB Carl Zeiß, Jena, für die Überlassung eines vollkommenen Rechenschemas zur Berechnung der SEIDELschen Flächenteilkoeffizienten nach BEREK nebst einem vollständigen numerischen Beispiel.

Über den Rahmen der rein konstruktiven Belange hinausgehend, war es dem Verfasser Bedürfnis, neben einer kurzen terminologischen Erörterung über „Büschel“ und „Bündel“ dem Leser einige Gedanken nahezubringen, in denen die Optik nicht als Technik, sondern als Form der Naturerkenntnis aufgefaßt wird. Sollten der Mathematiker oder der Physiker aus diesen Betrachtungen Anregungen empfangen, die sie zu besonderen Problemen führen, so ist der Zweck dieser Gedanken, die nur angedeutet werden konnten, voll erfüllt.

Der Veröffentlichung des Altmeisters EMIL VAN HOEGH (Archiv für wissenschaftliche Photographie 1900) über das Wesen des Anastigmaten ist ein kurzes Kapitel gewidmet. Dies geschah nicht nur aus historischer

Pietät, sondern auch darum, weil hier in einer außerordentlich anschaulichen Weise die Wirkung von Linsen bei der Behebung des Astigmatismus dargestellt und eine oft auftauchende Frage in zunächst einfacher Form beantwortet wird.

Zum Schlusse gilt mein Dank dem Akademie-Verlag Berlin für die gediegene Ausstattung des Buches und für die wertvollen Ratschläge zur vorteilhaften satztechnischen Gestaltung der Durchrechnungsbeispiele.

Sternwarte Kleinmachnow, Februar 1954
Der Verfasser

VORWORT ZUR 2. AUFLAGE

Den Wünschen aus Leserkreisen und von Seiten der Kritiker Rechnung tragend, ist in der neuen Auflage die Isoplanasie-Bedingung von Berek aufgenommen worden. Außer der Berichtigung von noch vorhanden gewesenen Druckfehlern und der Verbesserung der Reproduktion einer Figur ist auch eine kleine textliche Änderung im Kapitel „Optische Ferne“ und „Optische Nähe“ vorgenommen worden. Sie diente der Beseitigung einer nicht erforderlichen Wiederholung. Eine Fußnote zu Seite 2 dient der algebraischen Veranschaulichung der textlichen Aussage.

Sternwarte Kleinmachnow, Juli 1956
Der Verfasser

INHALTSVERZEICHNIS

VOM OPTISCHEN DENKEN

Es gibt grundsätzlich zwei Möglichkeiten, sich eine Auffassung vom Wesen der optischen Abbildung eines Gegenstandes durch eine Linse zu bilden. Die überragende Stellung der geometrischen Optik und ihre grundlegende Bedeutung für den Aufbau der Formeln, mit deren Hilfe wir in der Lage sind, die Eigenschaften von Linsen und Linsensystemen rechnerisch zu ermitteln, hat es mit sich gebracht, daß nur die eine Auffassung in Erscheinung getreten ist. Sie kann, insbesondere am Anfang der Beschäftigung mit optischen Problemen, zu falschen Überlegungen und entsprechenden Schlußfolgerungen führen. In mehr als zwei Jahrzehnten praktischer Erfahrung hat der Verfasser es mehrfach erlebt, daß Fehlkonstruktionen, die oft nicht mehr zu korrigieren waren, die Folge dieser aus der geometrischen Optik hervorgegangenen Auffassung waren. Die Opfer dieser Irrtümer waren fast immer die Konstrukteure des nichtoptischen Teils eines Apparates, weil sie nur mit den Gesetzen der optischen Abbildung in *geometrischer* Auffassung gut vertraut waren.

Nach geometrisch-optischer Auffassung wird das abzubildende Objekt in lichtgebende Elemente zerlegt, die schließlich zu leuchtenden Punkten zusammengeschrumpft vorgestellt werden, Punkte, von denen die Strahlen ausgehen. Die Linsenöffnung nimmt einen Strahlenkegel aus diesem Punkt auf und verwandelt ihn in einen neuen, dessen Strahlenverlauf durch Durchrechnung der einzelnen Strahlen durch die Linse ermittelt wird. Sie schneiden sich im allgemeinen nicht mehr in einem Punkte, und die Abweichungen vom idealen Falle bilden ein Maß für die Güte der Abbildung. Die mangelhafte Bildgüte stellt sich also dar als Mangel der Strahlenvereinigung der von Punkten des Gegenstandes ausgehenden Strahlenbüschel. Wir wollen diese Auffassung die „analytische“ nennen.

Es gibt eine zweite Möglichkeit, den Vorgang der optischen Abbildung durch eine Linse und die Abbildungsfehler aufzufassen: Wir verzichten darauf, den *Gegenstand* in Elemente zu zerlegen, sondern wenden dieses Verfahren auf die *Linse* an. Wir denken sie uns in Elemente zerlegt, die klein genug sind, um ihre sog. Öffnungsfehler, also die Mängel der Strahlenvereinigung, durch sie außer acht zu lassen. Jede Elementarlinse erzeugt also ein in allen Punkten scharfes Totalbild des Gegenstandes. Das unscharfe Bild entsteht bei dieser Auffassung dadurch, daß diese Menge an sich scharfer Bilder sich untereinander in dreifacher Weise unterscheiden: 1. nach ihrer Lage im Bildraum, 2. nach der Flächenform, auf der sie liegen (sie liegen nicht auf Ebenen, sondern auf gekrümmten Flächen) und 3. nach ihrem Abbildungsmaßstab.

Unter 1. fällt auch die Farbabweichung bzw. Farblagendifferenz für die verschiedenen Farben.

Das von der Linse erzeugte Bild ist eine Synthese einer Unzahl nicht übereinstimmender Bilder.

Diese Auffassung nennen wir aus diesem Grunde die „synthetische".

Sie soll am Schluß des Buches kurz dargelegt werden. Bis dahin halte sich der Leser stets folgendes vor Augen:

1. Es gibt keine punktförmigen, physikalischen bzw. technischen Lichtquellen.
2. Ein Kondensor „zieht" das Licht einer Lichtquelle nicht „zusammen" oder „konzentriert" es, sondern erzeugt ein meist sogar vergrößertes Bild der stets ausgedehnten Lichtquelle.
3. Man kann das von einer technischen Lichtquelle ausgehende Licht durch kein optisches System in ein paralleles Lichtbündel verwandeln. Beim Scheinwerfer kann die Illusion eines solchen Bündels dadurch entstehen, daß in einer größeren Entfernung die Lichtquelle vom Scheinwerferspiegel ebenso groß abgebildet wird wie der Durchmesser des Spiegels[1] Das Bündel erscheint parallel bis zum Abbild der Lichtquelle, dahinter tritt wieder eine Divergenz auf. Naturgemäß muß die Lichtquelle dabei wesentlich kleiner sein als der Scheinwerferspiegel.

Das Grundgesetz der Strahlenoptik

Die Strahlenoptik geht, auf der geradlinigen Ausbreitung des Lichtes in homogenen Medien fußend, von der Voraussetzung aus, daß das Licht als Büschel oder Bündel von Geraden aufgefaßt werden kann, bei denen eine Lichtausbreitungsrichtung vereinbart und angegeben ist. Unter Büschel wird man nicht nur ein durch einen einzigen Punkt gehendes geometrisches „Geradenbüschel" verstehen, sondern jedes Büschel mit einer engsten Einschnürung. Unter Bündel wird eine im Querschnitt definierte Schar paralleler Strahlen verstanden. Bei der rechnerischen Behandlung optischer Probleme werden bestimmte Strahlen eines Büschels oder Bündels ausgewählt und ihr Verlauf durch ein optisches System mit Hilfe von Formeln bestimmt.

---

[1] Ist D der Durchmesser des Scheinwerfers, d jener der Lichtquelle, s objektseitige, s' bildseitige Schnittweite, so bedeutet obiges $d \cdot \frac{s'}{s} = D$.

Das Grundgesetz der Strahlenoptik ist das Brechungsgesetz. Es läßt sich in zwei Formen schreiben: in einer trigonometrischen (SNELLIUS) und (bei Kugelflächen allein) in einer rein algebraischen.

Ist ε der Einfallswinkel des Strahles S (Abb. 1) gegen das Lot AB der ebenen Fläche F, die zwei lichtdurchlässige[1] Medien trennt, ε' der Winkel des gebrochenen Strahles S' gegen das Lot AB, so besteht die Beziehung

$$n \cdot \sin \varepsilon = n' \cdot \sin \varepsilon' \ldots . \quad (1)$$

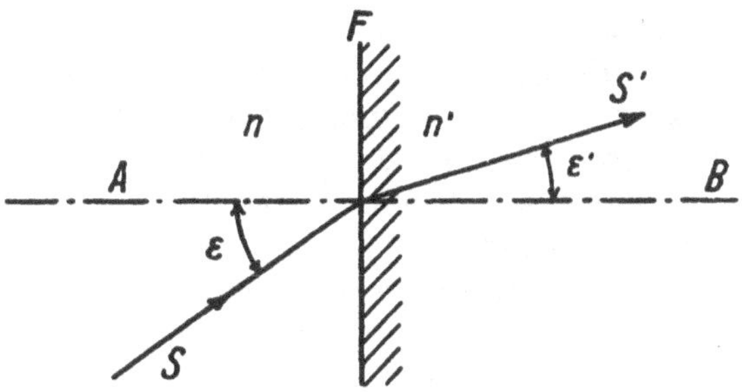

Abb. 1

n und n' sind die Brechungsindices der beiden Medien. Für Luft setzt man $n = 1$. n' ist für den brechenden Körper (Glas, Flüssigkeit, Kristall etc.) einer Tabelle zu entnehmen.

Für $n' = -1$ haben wir den Fall der Spiegelung $\varepsilon' = -\varepsilon$. (Abb. 2). Bei Kugelflächen ist ε der Einfallswinkel relativ zum Krümmungsradius im Einfallspunkte P. Bei nichtsphärischen Flächen ist ε der Winkel relativ zur Normalen im Einfallspunkte P.

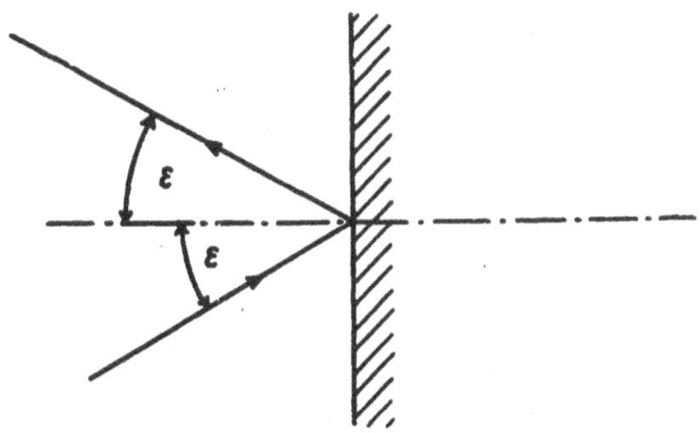

Abb. 2

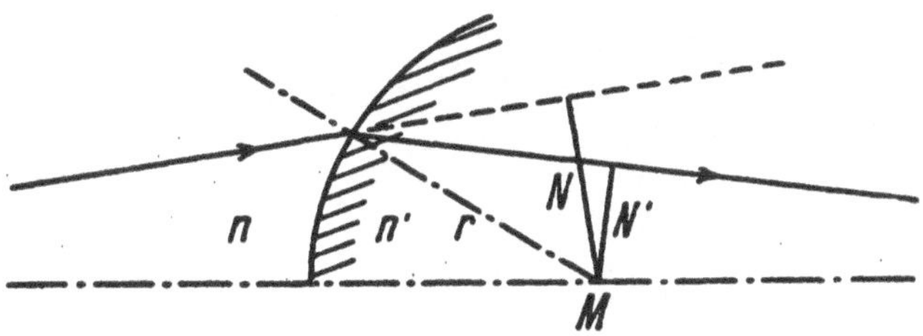

Abb. 3

Die algebraische Form des Brechungsgesetzes (Abb. 3) lautet:

$$n \cdot N = n' \cdot N' \quad (2)$$

[1] Sie brauchen nicht durchsichtig zu sein. Es gibt undurchsichtige lichtbrechende Körper. Sie lassen z. B. infrarotes „Licht" hindurch.

Es enthält keine trigonometrische Funktion. N und N' sind die Lote vom Krümmungsmittelpunkt M der brechenden Fläche auf den einfallenden bzw. gebrochenen Strahl. Bei nicht-sphärischen Rotationsflächen wählt man zweckmäßig für M den Schnitt der Normalen mit der Rotationsachse.

Da die Brechungsindices n bzw. n' von der Frequenz[1] des Lichtes (Farbe) abhängig sind, werden Strahlen verschiedener Farben verschieden abgelenkt, es tritt Farbzerstreuung auf (Dispersion). In der optischen Abbildung führt sie zu den sog. Farbfehlern. Sie werden später erörtert.

Die Fortpflanzungsgeschwindigkeit des Lichtes ist von n bzw. n' abhängig und beträgt bei $n = 1$ rund 300000 km/sec $= v_0$. Für Werte $n > 1$ beträgt sie

$$v_n = \frac{v_0}{n}$$

In einem Glase vom Brechungsindex $n = 1{,}5$ beträgt sie für die entsprechende Lichtart 200000 km/sec.

[1] Es ist nicht ganz korrekt, in diesem Falle von der *Wellenlänge* des Lichts zu sprechen, da sie beim Vorgang der Brechung wegen Verminderung der Lichtgeschwindigkeit nicht konstant bleibt. Nur die Frequenz bleibt erhalten.

„BÜSCHEL“ UND „BÜNDEL“

In der geometrischen Optik herrscht leider keine Einigkeit im Gebrauch der Begriffe „Büschel“ und „Bündel“. So spricht beispielsweise im Handbuch für Physik von GEIGER und SCHEEL Bd. XVIII (1927) auf Seite 84 MERTÉ von der Abbildung durch weite und mäßig geöffnete „Bündel“ und im gleichen Buche HARTINGER auf Seite 242 von der Abbildung durch Prismen mittels enger „Büschel“. Dies wäre an sich nicht so tragisch, wenn man aber unter einem Strahlen„bündel“ eine sich in einem Punkte oder, bei Aberration, in der Umgebung eines Punktes schneidende Schar von Geraden versteht, so widerspricht dies glatt dem in der Mathematik bzw. der Geometrie eingeführten Begriff, und das muß vermieden werden. Eine sich schneidende Schar von Geraden ist nach der mathematischen Terminologie ein „Büschel“, kein „Bündel“. Schon sprachlich ist dies zu erkennen. Büschel kommt von Busch, und das Rutenbündel ist eine Menge parallel zueinander liegender Stäbe. Wir wollen dies aber durch Zitate aus der mathematischen Literatur belegen:

O. Th. BÜRKLEN und RINGLEB, Mathematische Formelsammlung, Smmlg. GÖSCHEN Bd. 51, S. 123 § 66. Strahlen*büschel* und Punktreihe.

„Sind $L_1 = 0$, $L_2 = 0$ die Gleichungen zweier sich im Endlichen schneidender Geraden, so ist die allgemeine Gleichung einer dritten Geraden, die durch den Schnittpunkt der beiden ersten geht,

$$L_3 = L_1 + \lambda L_2 = 0$$

Bei veränderlichem λ stellt die Gleichung $L_1 + \lambda L_2 = 0$ ein Strahlenbüschel dar.“

S. 125: „Zwei Strahlen*büschel* mit je vier Strahlen heißen projektivisch, wenn ein Doppelverhältnis des einen *Büschels* gleich dem entsprechenden Doppelverhältnis des anderen Büschels ist.“

G. HESSENBERG, Grundlagen der Geometrie, 1930, S. 58:

„Dagegen bestimmen zwei Geraden stets einen sog. *Büschel.* Schneiden sie sich, so besteht der Büschel aus allen Geraden, die durch den Schnittpunkt laufen. („Eigentlicher Büschel“). Schneiden sie sich nicht, so besteht der Büschel aus allen Geraden, die sich nicht mit ihnen schneiden („Parallelbüschel"). —

Die letztere Definition hat nur Sinn auf Grund des Parallelenaxioms, welches aussagt, daß durch jeden Punkt der Ebene genau eine Parallele zu einer gegebenen Geraden *g* geht, d. h. eine Gerade, die mit *g* keinen oder alle Punkte gemein hat. —

Auf Grund dieses Tatbestandes gilt jetzt der Satz:

2a. Zwei Geraden haben stets einen Büschel gemeinsam.

1a. Zwei Büschel haben *nicht* stets eine Gerade gemeinsam.

H. Liebmann. Nichteuklidische Geometrie, 1912, S. 27.

Einteilung der linearen Strahlenbüschel. Fundamentalaufgaben.

„In der euklidischen Geometrie haben wir zwei Arten von linearen Strahlen*büscheln*, die Gesamtheit aller Geraden durch einen Punkt und die Parallelbüschel. Die Grundeigenschaften der linearen Strahlenbüschel sind:

Zwei nicht zusammenfallende Gerade bestimmen eindeutig einen Strahlenbüschel."

Die Reihe ließe sich fortsetzen. Die Zitate dürften aber genügen. Man könnte den Begriff Bündel überhaupt vermeiden und durch das Wort „Parallelenbüschel" ersetzen, denn der Mathematiker versteht hierunter eine Geradenschar, die sich ebenfalls in einem Punkte schneidet, nämlich in einem sog. „uneigentlichen" Punkte (U. P.).

Der Verfasser gebraucht den Begriff „Büschel" stets in Übereinstimmung mit der mathematischen Terminologie.

NUMERISCHE UND TRIGONOMETRISCHE DURCHRECHNUNG VON LINSEN UND LINSENSYSTEMEN

1. Ziel und Zweck

Die Durchrechnung von Linsen und Linsensystemen, also die rechnerische Verfolgung eines Lichtstrahls, hat den Zweck, die Abbildungsfehler eines Systems quantitativ zu ermitteln mit dem Ziele, durch geeignete Änderungen der Radien, Dicken und Abstände der Linsen sowie auch der verwendeten Gläser, die ermittelten Fehler zu vermindern. Es wird dabei meist auf ein Kompromiß hinauskommen, dessen Richtlinien sich aus der gestellten Aufgabe ergeben.

In der Praxis ist es meist so, daß im allgemeinen Brennweite und scharf auszuzeichnendes Format (Bildkreis) in erster Linie angegeben werden, ferner das Öffnungsverhältnis (Lichtstärke). In zweiter Linie wird der zulässige Aufwand an optischen Mitteln (Linsen, Korrektionsplatten usw.) in Betracht kommen, da dies vom wirtschaftlichen Gesichtspunkt aus wichtig ist, denn es bestimmt den Preis des Objektivs. Naturgemäß ist der Verwendungszweck des Objektivs von großer Bedeutung, da er die zulässigen Maximalfehler bestimmt.

Ein Faktor, der häufig vom Auftraggeber nicht bedacht wird und zu schweren Enttäuschungen führen kann, ist hier der Abbildungsmaßstab, für den das Objektiv gebraucht wird. Normalerweise werden die Objektive für ein unendlich fernes Objekt korrigiert, d. h. der Strahlengang wird gerechnet unter der Voraussetzung, daß die ins Objektiv eintretenden Strahlenbündel, seien sie parallel zur optischen Achse oder gegen diese geneigt, aus dem Unendlichen kommen, also aus unter sich parallelen Strahlen bestehen. Solche Objektive sind, von ganz vereinzelten Ausnahmefällen abgesehen, unbrauchbar, z. B. zur Abbildung eines Objektes im Maßstab 1 : 1. Es kommt in der Praxis leider häufig vor, daß der Auftraggeber Lichtstärke und Brennweite des gewünschten Objektivs angibt, den Abbildungsmaßstab verschweigt und dann naturgemäß mit dem auf Grund dieser Angaben konstruierten oder vom Lager gelieferten Objektiv einen Reinfall erlebt, weil er es zur Abbildung im Maßstab 1 : 2 oder gar 1 : 1 benutzt. Bei Oszillographenoptik ist dies häufig passiert.

Bei dem Fehlerkompromiß wird man das in den Vordergrund stellen, was für den Verwendungszweck das wesentliche ist. Man wird bei einem Objektiv für Bildberichterstatter, bei dem es zu allererst auf Lichtstärke ankommt, sich keine besondere Mühe damit machen, die Verzeichnung auf 1 oder 2% zu reduzieren oder auf Kosten der Mittelschärfe die Randschärfe aufs höchste zu treiben. Bei einem langbrennweitigen Objektiv für Filmaufnahmen wird man den Astigmatismus überhaupt nicht korrigieren, sondern dafür eine hervorragende Mittelschärfe erstreben, also kein Telesystem konstruieren.

Handelt es sich um ein Objektiv für Farbaufnahmen, so wird man der Farbkorrektion besondere Aufmerksamkeit zuwenden und lieber eine Linse mehr im System verwenden als auf beste Korrektion zugunsten einer Verminderung der Reflexionsverluste verzichten. Diese Verluste können heute ohnedies durch die neuen reflexvermindernden Schichten erheblich herabgesetzt werden.

Es kommt vor, daß ein Objektiv nur für blaues oder rotes Licht verwendet werden soll, man wird sich dann nicht mit der chromatischen Korrektion belasten.

Im wesentlichen handelt es sich um folgende mögliche Fehler der Strahlenvereinigung:

1. Mangelnde Strahlenvereinigung auf der Achse (Sphärische Aberration — Öffnungsfehler)
2. Mangelnde Strahlenvereinigung in der Bildebene außer der Achse (Koma, Sinusbedingung — Asymmetriefehler)
3. Mittlere Bildfeldkrümmung (Petzvalkrümmung)
4. Astigmatische Aufspaltung des Bildes in eine meridionale und eine sagittale Bildschale (Astigmatismus — Zweischalenfehler)
5. Verzeichnung
6. Farbaufspaltung der Bilder auf der Achse (Chromatische Aberration der Schnittweiten)
7. Farbvergrößerungsfehler der Bilder (Chromatische Aberration der Brennweiten).

Die anderen noch möglichen Fehler sollen hier unberücksichtigt bleiben, da schon ihre Ermittlung einen großen Rechenaufwand erfordert (windschiefe Strahlen) und ihre Beseitigung gar sehr große Erfahrungen erfordert.

Bei der Kompensation der unter 1. aufgeführten Fehler, auch noch bei denen der 2. Gruppe, sei folgender Ratschlag gegeben:

Man überlege sich, mit welcher Lichtmenge die Fehler in die Abbildung eingehen. Wenn z. B. eine äußerste Ringzone des Objektivs, die nur 5% des gesamten Lichts aufnimmt, eine ungünstige Strahlenvereinigung zeigt, während für andere Zonen, die vielleicht 60% des Lichtes erfassen, die Korrektion bereits recht gut ist, so verderbe man sich dieses Resultat nicht durch Korrektion des Ringzonenfehlers, sondern lasse ihn bestehen. Wenn bei der Strahlenvereinigung in Randgebieten des Bildfehlers ein Strahl „aus der Reihe tanzt", so suche man durch Durchrechnung benachbarter Strahlen Rechenschaft darüber zu gewinnen, wieviel Licht dieser Strahl bzw. seine Umgebung transportiert und gebe sich mit dieser Umlenkung keine Mühe, insbesondere dann nicht, wenn durch die hierbei notwendigen Änderungen von Radien, Dicken und Abständen die gute Vereinigung anderer wichtiger Strahlen verdorben wird.

2. Einheitlicher Begriff und Bedeutung der Brennweite aus der Abbeschen Sinusbedingung hergeleitet

Ebenso wie wir uns einen Begriff von der Leistung eines Elektromotors zunächst durch eine einzige Angabe verschaffen, nämlich die PS-Zahl, eine Glühbirne durch die Angabe der Kerzenzahl charakterisieren, so hat man für die Linsen und Linsensysteme eine charakteristische Größe, die Brennweite, festgesetzt. Das wesentlichste dieses Begriffes ist, daß er eine System*konstante* betrifft, also mit den Zahlen der obigen Beispiele streng genommen nicht verglichen werden kann, da die Leistung des Motors und die Helligkeit der Glühbirne noch von der Spannung abhängen. Die Brennweite ist von äußeren Faktoren unabhängig. (Temperatureinflüsse seien ausgeschlossen.)

Unter der Brennweite einer Linse, eines Objektivs oder Spiegels verstehen wir eine in Längeneinheiten angebbare Größe, aus der sich die lineare Größe der Abbildung eines Objekts berechnen läßt, wenn der Abstand des Objekts vom Linsensystem bzw. einem bestimmten auf der optischen Achse liegenden Punkt desselben gegeben ist.

Bei der Berechnung der Brennweite werden nun zwei grundsätzlich verschiedene Rechenmethoden angewendet; die eine ist rein numerisch, also ohne trigonometrische Funktionen und ergibt die Brennweite unter der Voraussetzung, daß ein unendlich ferner Punkt auf der optischen Achse durch ein Strahlenbündel von beliebig kleinem Querschnitt durch das Linsensystem abgebildet wird. Sind s_1, s_2, s_3, s_k die Abstände jenes Punktes bzw. seiner Abbildungen vor der Brechung des Strahlenbündels an der 1. bzw. 2., 3.... k Fläche, (hier ist $s_1 = \infty$) s'_1, s'_2, $s'_3 \ldots s'_k$ die entsprechenden Abstände nach der Brechung, so wird die sog. paraxiale Brennweite f'_0 bestimmt durch die Formel

$$f'_0 = \frac{s'_1 \cdot s'_2 \cdot s'_3 \cdot s'_4}{s_2\, s_3\, s_4} \ldots$$

$$= s'_1 \cdot \frac{s'_2}{s_2} \cdot \frac{s'_3}{s_3} \cdot \frac{s'_4}{s_4} \cdots \frac{s'_k}{s_k}$$

Die Abbildung dieses unendlich fernen Punktes durch achsenparallele Strahlen, die mit *endlicher* Einfallshöhe h in das Linsensystem eintreten, ergibt die Brennweite f_h für diese Einfallshöhen. Sie wird berechnet nach der Formel

$$f'_h = \frac{h}{\sin \sigma'}$$

wo σ der Neigungswinkel des Strahles gegen die optische Achse nach seinem Austritt aus der letzten Fläche ist.

Bei der grundlegenden Bedeutung der Brennweite und den nicht immer verständlichen Darstellungen in der Fachliteratur soll hier diese zweite Formel aus der Abbeschen Sinusbedingung und einer der Grundformeln der paraxialen Abbildung abgeleitet und die Identität beider Formeln für den Fall einer dünnen Linse dargelegt werden.

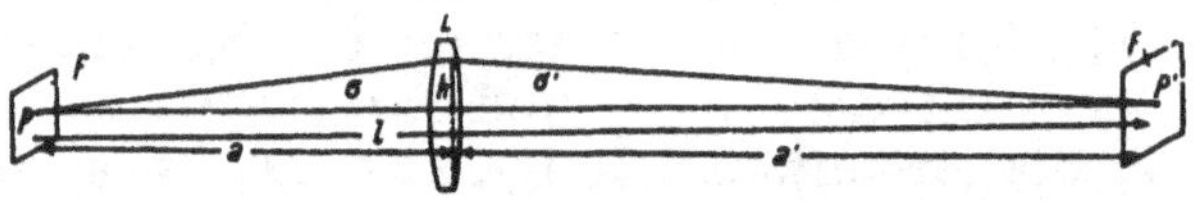

Abb. 4

Die Abbesche Sinusbedingung ist diejenige, die erfüllt sein muß, damit ein achsensenkrechtes Flächenstückchen F in einem aberrationsfreien Ausstrahlungspunkt P der Achse durch weitgeöffnete Bündel in ein ebensolches F' fehlerfrei abgebildet wird. Nur dann ist die Abbildung definiert und gleichzeitig der Abbildungsmaßstab der Abbildung.

Diese Bedingung lautet (siehe Abb. 4)

$$\frac{\sin \sigma'}{\sin \sigma} = \frac{n}{n'} \frac{1}{\beta'} \tag{1}$$

n ist der Brechungsindex des Objektraumes, n' derjenige des Bildraumes. β' ist der Abbildungsmaßstab. Wir haben es hier mit dem Falle $n = n' = 1$ zu tun. Für Strahlen sehr kleiner Einfallshöhe, also paraxiale, ist

$$\beta' = \frac{a'}{a}\,[1]$$

Bezeichnen wir den Abstand des Dingpunktes P vom Bildpunkte P', also die Strecke $a' - a$, (a ist in der Abb. negativ!), hier also $= a' + a$ mit l, so können wir die Brennweite f mit Hilfe einer für das paraxiale Gebiet geltenden Formel durch die Werte β' und l ausdrücken. Es ist

$$f = \frac{\beta'}{(1+\beta')^2} \cdot l. \tag{2}$$

[1] Hier negativ. Siehe Fußnote S. 14.

Aus Abb. 4 ergibt sich

$$l = \frac{h}{tg\,\sigma} + \frac{h}{tg\,\sigma'} \tag{3}$$

aus Gl. (1

$$\beta' = \frac{\sin\sigma}{\sin\sigma'} \tag{4}$$

Setzen wir die Werte aus den Gleichungen (3 und (4 in 2, so erhalten wir

$$f = h\,\frac{tg\,\sigma + tg\,\sigma'}{tg\,\sigma \cdot tg\,\sigma'}\;\frac{\dfrac{\sin\sigma}{\sin\sigma'}}{\left(1 + \dfrac{\sin\sigma}{\sin\sigma'}\right)^2} = h\cos\sigma\cdot\cos\sigma'\,\frac{tg\,\sigma + tg\,\sigma'}{\sin\sigma\cdot\sin\sigma'}\;\frac{\dfrac{\sin\sigma}{\sin\sigma'}}{\left(1 + \dfrac{\sin\sigma}{\sin\sigma'}\right)^2}$$

und nach elementarer Umformung

$$f = h\cos\sigma\cdot\cos\sigma'\,\frac{\dfrac{\sin\sigma}{\cos\sigma} + \dfrac{\sin\sigma'}{\cos\sigma'}}{(\sin\sigma' + \sin\sigma)^2}$$

Für $a = \infty$ wird $\sin\sigma = 0$, $\cos\sigma = 1$, und wir erhalten

$$f = \frac{h}{\sin\sigma'} \tag{5}$$

In der Literatur finden wir diese Beziehung *ausschließlich* aus der Abbeschen Grundgleichung abgeleitet. Der Zweck der obigen Ableitung war es, nachzuweisen, daß diese Definition der Brennweite nach der Abbeschen Sinusbedingung identisch ist mit der sich aus der paraxialen Formel G. 2) ergebenden Definition, womit die Einheitlichkeit des Begriffes erwiesen wird.

3. *Die Brennweite als Rechengröße*

Streng genommen können wir nur bei einer idealen, fehlerfreien Linse von einer Brennweite sprechen. Die Brennweite ist eine Konstante der Linse, und zwar diejenige Größe, die es uns ermöglicht, aus dem Abstande a) eines Objektes von der Linse und seiner Größe (y) den Abstand (a') und die Größe (y') seines Bildes von der Linse zu berechnen.

Die Formel, nach der dieses geschieht, ist

$$\frac{1}{a'} = \frac{1}{a} + \frac{1}{f}$$

Abbildungsmaßstab:

$$\frac{a'}{a} = \frac{f}{a+f} = \beta'$$

Bildgröße:

$$y' = y\,\frac{a'}{a}$$

a und a' sind die Abstände von Objekt bzw. Bild von der sogenannten Hauptebene[1] der Linse (in dem besonderen Falle, daß die Dicke der Linse vernachlässigt werden kann, können wir von *einer* Hauptebene sprechen, sonst ist mit *zwei* Hauptebenen zu rechnen). Diese Abstände werden von der Linse aus gerechnet und sind *positiv*, wenn sie in der Richtung des Lichtes verlaufen. Die Brennweite der Linse selbst kann negativ oder positiv sein (Zerstreuungslinse oder Sammellinse). Mit Hilfe der obigen Formeln lassen sich alle Fragen hinsichtlich der Lage von Bild und Objekt beantworten.

Die Richtung des Lichtes wird von links nach rechts positiv gerechnet.

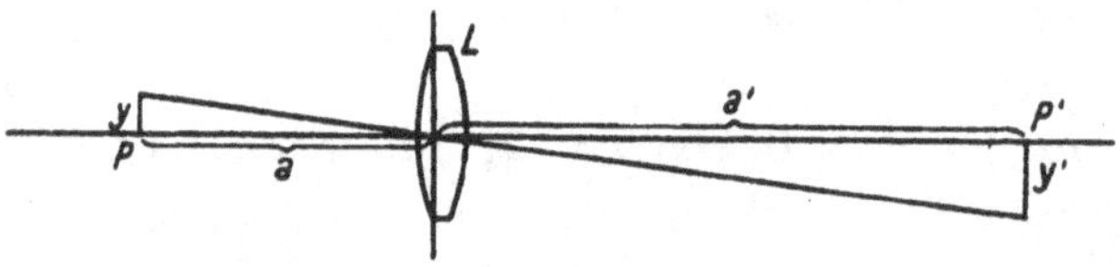

Abb. 5

Grundsätzlich: Zur eindeutigen, klaren Formulierung aller Beziehungen wird die vielfach übliche, den Techniker verwirrende Definition der Brennweite, wonach es eine vordere (negativ zu rechnende) und eine hintere (positiv zu rechnende) Brennweite gibt, aufgegeben und folgendes *festgestellt*:

Jede sammelnde Fläche (oder Linse) hat eine *positive*, jede zerstreuende Fläche eine *negative* Brennweite bzw. Brechkraft. Ob die Fläche sammelt oder zerstreut, wird an einem achsenparallelen Bündel beurteilt. Bei dieser vereinfachten Auffassung befindet sich die Linse in Luft.

Es gilt dann die Gleichung

$$\frac{1}{a'} - \frac{1}{a} = \frac{1}{f} \tag{1}$$

[1] Hinsichtlich des Begriffs „Hauptebene" sei auf die Literatur verwiesen. Es gibt streng genommen nur Haupt*punkte* auf der Achse. Es sind nach GAUSS die beiden Punkte der Achse, auf denen das Objekt und das konjugierte gleichgroße und gleichgerichtete Bild liegen.

Hier ist a der Abstand des Objektes (das selbst schon eine Abbildung durch eine andere Linse sein kann), a' der Abstand des Bildes und f die Brennweite der Linse.

Aus (1) ergibt sich:

$$a' = \frac{f \cdot a}{f + a}$$

In der Abb. 5 ist z. B. a negativ, f positiv, also

$$a' = \frac{f \cdot (-)\,|a|}{f + (-)\,|a|} = + \frac{f\,|a|}{|a| - f}$$

Der Abbildungsmaßstab (Vergrößerung bzw. Verkleinerung) ist

$$\beta' = \frac{n}{n'} \cdot \frac{|a'|}{|a|}$$

wo n der Brechungsindex des Objektraumes, n' der des Bildraumes, hier $n = n'$ ist, also

$$\beta' = \frac{|a'|}{|a|} = \frac{f}{|a| - f} \tag{2}$$

Es gibt neben dieser Seitenvergrößerung, also der Vergrößerung von Abständen *senkrecht* zur optischen Achse noch eine Längsvergrößerung, also Vergrößerung von Abständen *in Richtung* der optischen Achse (Tiefenvergrößerung). Sie ist

$$\alpha' = \frac{a'^2}{a^2} = \left(\frac{f}{(a - f)}\right)^2 \tag{3}$$

Sie gilt streng genommen nur in der allernächsten Umgebung des Punktes P (Abb. 5) und besagt folgendes:

Vergrößere ich ein Objekt durch Projektion z. B. viermal und verschiebe es auf der Achse 1 mm, so verschiebt sich das Bild um 16 mm. Das Vorzeichen der Verschiebung ist bestimmt durch die Vorzeichen von a bzw. a' gemäß Formel (1). Abnahme einer negativen Größe gilt als positiv.

Bei der Projektion und Aufnahme unter den Verhältnissen der Abb. 6 gelten folgende Formeln: (Vorzeichen von f, a und a' sind bereits berücksichtigt)

$$\frac{a'}{a} = \beta' = \text{Vergrößerung bzw. Verkleinerung}$$

l = totale Entfernung vom Objekt zum Bild

$$f' = \frac{\beta'}{(\beta' + 1)^2} \cdot l$$

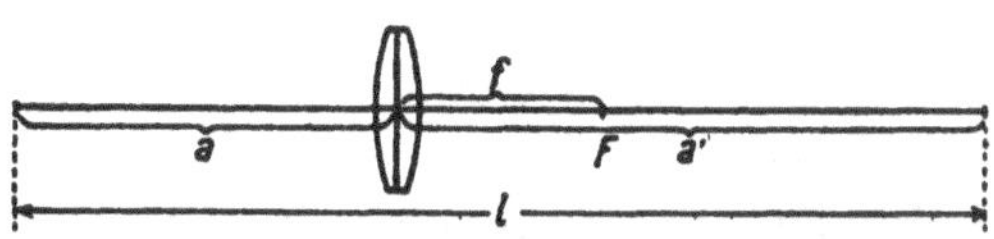

Abb. 6

Die Formel gilt nur für unendlich dünne Linsen.

Beachten! Die Formel $f = \frac{\beta'}{(\beta' + 1)^2} \cdot l$[1] gibt ein bequemes Mittel, die Brennweite eines Systems (Linse oder Objektiv) aus der Vergrößerung β' und l rasch und oft mit ausreichender Genauigkeit zu bestimmen.

4. *Graphische Auffindung der Abbildung*

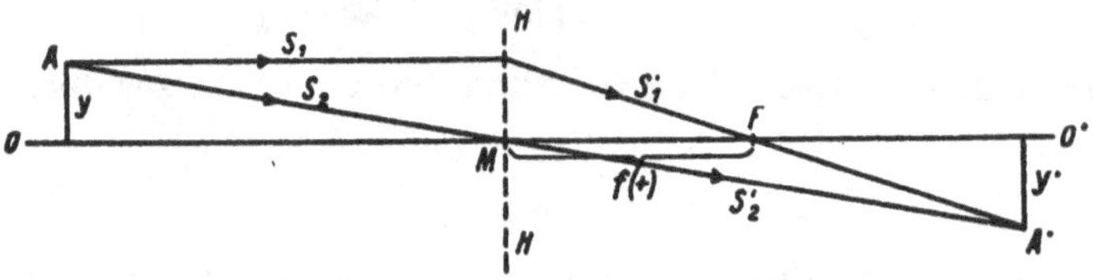

Abb. 7

Grundgedanke: Von dem Punkt A des Objekts ziehen wir zwei Strahlen S_1 und S_2 zur Linse L, die als Ebene HH dargestellt wird. F ist der Brennpunkt. Da f in Abb. 7 positiv ist, liegt er rechts von HH. S_1 ist parallel zur Achse 00', S_2 geht durch die Linsenmitte, passiert die Linse also ohne Richtungsänderung. während S'_1 durch F gehen muß.

S'_1 und S'_2 schneiden sich dann in A', der Abbildung von A.

Im Falle f negativ:

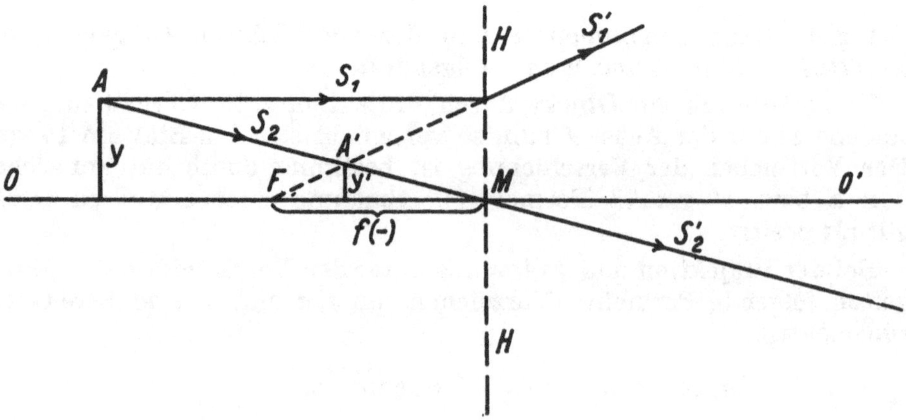

Abb. 8

---

[1] Abgeleitet aus der allgemeingültigen Formel $f = -\frac{\beta'}{(\beta' - 1)^2} \cdot l$ für negatives β' (Abb. 6).

Im Falle, daß das Objekt selbst ein Bild ist:

Die Linse L_1 hat das Bild A entworfen. Wir setzen davor eine negative Linse L_2 und wenden unsere graphische Konstruktionsregel an. Wir erhalten eine vergrößerte reelle Abbildung A': *Prinzip des Tele-Objektivs.*

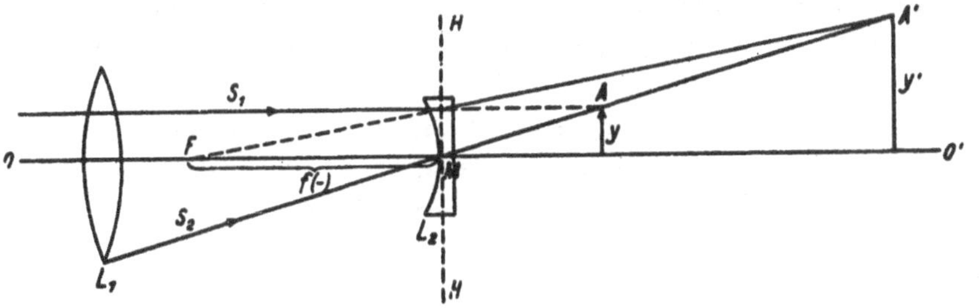

Abb. 9

Praktischer Wink:

Da wir bei diesem Verfahren in der Hauptsache den Abstand des Bildes von der Linse feststellen wollen, woraus sich auch die Vergrößerung ergibt, ist die Größe des Objekts, also y, ohne Einfluß auf das Resultat. Wir können also die Genauigkeit unserer graphischen Ermittlung durch Übertreibung von y beliebig vergrößern. Die Strahlen S_1 und S_2 brauchen dabei *praktisch* nicht zu existieren.

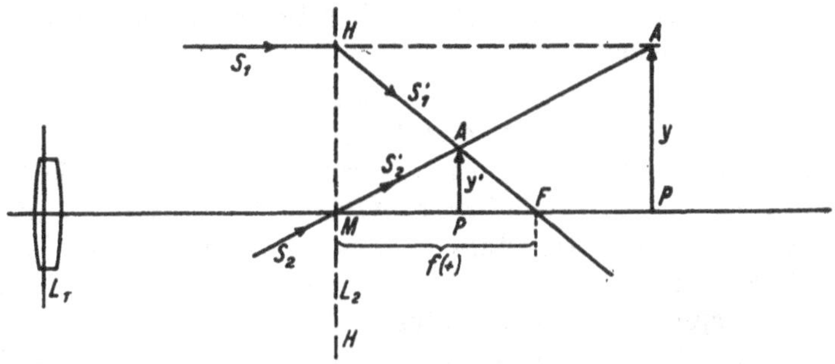

Abb. 10

Die Linse L_1 habe das Bild $A P$ entworfen. Wir setzen eine Sammellinse $L_2 f(+)$ davor und finden mit Hilfe der Strahlen S_1, S_2 die Abbildung $A' P'$ nach unserer Regel. S_1 und S_2 existieren hier praktisch nicht.

5. *Lupenvergrößerung*

Es ist üblich, die Vergrößerung einer Lupe durch die Formel

$$\overline{\Gamma'} = \frac{250}{f}$$

zu berechnen.

Wenn wir beim Sehen ein Objekt als „groß“ oder „klein“ empfinden, so ist das nicht mehr eine reine Wahrnehmung sondern ein Urteil. Wir können es auf zweierlei Art fällen:

1. Wir vergleichen die beiden gleichzeitig wahrnehmbaren Objekte miteinander und erkennen, daß eines das andere überragt.

2. Wir nehmen jedes Objekt für sich getrennt wahr, stellen dabei fest, daß das eine größer „erschien“ als das andere.

Im zweiten Falle, der uns hier allein interessiert, müssen wir, um unser Urteil fällen zu können, uns doch irgend ein Maß der „Größe“ des Objektes verschafft haben, das uns im Gedächtnis haften blieb. Es ist kein lineares Maß, es ist die sog. „scheinbare“ Größe des Objektes. Sie ist scheinbar, weil sie von der Entfernung abhängt. Der Bleistift bleibt gleich lang, aber er erscheint uns in größerer Entfernung kleiner.

Wenn wir den Begriff der optischen Vergrößerung als meßbare Zahl definieren wollen, so müssen wir diejenige Objektentfernung konventionell festlegen, in welcher ein Objekt uns weder vergrößert noch verkleinert erscheinen soll. Ist diese Forderung prinzipiell erfüllbar? Hat sie überhaupt einen Sinn?

Also: Existenzkriterium für die Möglichkeit einer weder vergrößerten noch verkleinerten optischen Wahrnehmung eines Objekts.

Da es sich hier um „scheinbare“ Größen handelt, verschaffen wir uns die Einheit der scheinbaren Größe.

Diese scheinbare „Einheitsgröße“ kann nur die Größe sein, unter der die Einheit der Strecke in der Einheit der Entfernung erscheint. Die Einheit der Entfernung kann ich durch Vereinbarung als Konstante festlegen und damit die scheinbare Größe eines jeden Objektes als Tangens des Winkels, unter dem es aus der Einheit der Entfernung erscheint. Damit kann ich aber auch diese scheinbare Größe eines Objekts mit derjenigen eines anderen vergleichen, d. h. feststellen, ob es größer oder kleiner ist, ferner diese scheinbare Größe eines Objekts mit derjenigen einer virtuellen Abbildung desselben Objekts vergleichen, die ich mit Hilfe eines optischen Systems erzeuge.

Die oben gestellte Aufgabe hat also sowohl einen Sinn wie auch eine Lösung. Die Einheitsentfernung ist als sog. „natürliche Sehweite“ mit 250 mm konventionell festgelegt worden, womit die Aufgabe auch praktisch gelöst ist.

Ein Objekt erscheint mir also weder verkleinert noch vergrößert, wenn ich es aus 250 mm Entfernung betrachte. Wir wollen dies die „natürliche scheinbare Größe“ des Objekts nennen.

Das ist sehr schön und einfach, was aber, wenn ich kurzsichtig bin und in diesem Falle das Objekt überhaupt nicht scharf erkennen kann?

Nehmen wir an, ich muß es bis auf die halbe natürliche Sehweite heranrücken, um es scharf zu sehen. Es erscheint jetzt in doppelter natürlicher scheinbarer Größe, also zweimal vergrößert, ohne daß ich irgendeine Lupe benutze. Gibt es aber — wie wir sehen, aus physiologischen Gründen — eine Vergrößerung ohne Lupe, dann müssen wir uns fragen, ob der Begriff der Lupenvergrößerung überhaupt einen absoluten Sinn hat und diese Frage verneinen.

Der Begriff der Lupenvergrößerung hat also einen durch Bedingungen eingeschränkten Gültigkeitsbereich. Die „offizielle" Definition der Lupenvergrößerung (siehe z. B. Handb. d. Physik, H. GEIGER und K. SCHEEL, Bd. XVII 1927, S. 830 unten) ist

$$\overline{\Gamma'} = \frac{250}{f'}$$

Die Lupenvergrößerung wird definiert als Verhältnis des Sehwinkels ω', unter dem die Lupe einen kleinen Gegenstand zeigt, zu dem Sehwinkel, unter dem er in „natürlicher Sehweite" erscheint. Im Augenblicke aber, in welchem ich den Gegenstand mit der Lupe betrachte, wird er im obigen Falle in die Brennebene der Lupe gebracht, und im *Unendlichen abgebildet.* Ich muß aufs neue akkomodieren, ändere also die Brennweite meines Auges, vergleiche also zwei verschiedene optische Systeme miteinander.

Nach Ansicht des Verfassers muß man bei einer solchen Vergleichung den Zustand des Auges unverändert lassen. Damit kommen wir zu einer anderen Definition der Lupenvergrößerung:

Die Lupenvergrößerung wird definiert als das Verhältnis des Sehwinkels ω', unter dem die Lupe einen kleinen Gegenstand in der natürlichen Sehweite abbildet, zu dem Sehwinkel, unter dem er in der gleichen Entfernung erscheint.

Vereinfachen wir das Problem, indem wir den Abstand des Auges von der Lupe vernachlässigen, dann ergibt sich folgendes:

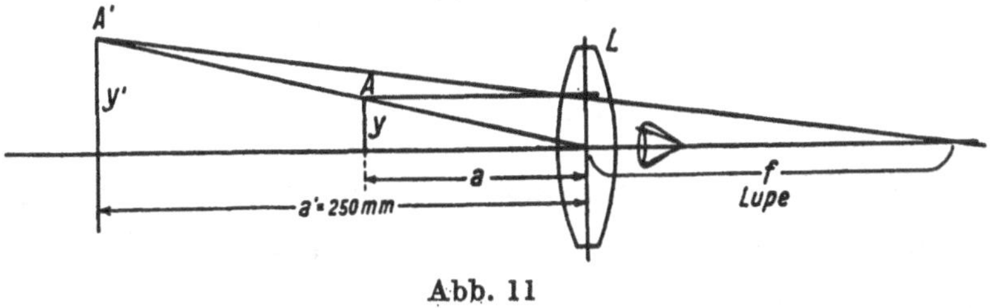

Abb. 11

Mit unbewaffnetem Auge würde das Objekt y in 250 mm Abstand unter dem Winkel $\frac{y}{250}$ erscheinen, den wir mit ω bezeichnen.

Wir nehmen eine Sammellinse von der Brennweite f und bilden y so ab, daß y' in einem Abstand $a' = 250$ mm liegt. Nach unserer Formel (1) ist

$$a' = \frac{af}{a + f}$$

Da a' negativ sein muß (y' liegt vor der Linse) muß aber $a < f$ und negativ sein, also

$$a' = \frac{-|a|\,f}{-|a| + f}$$

Das Bild erscheint dem Auge jetzt unter dem Winkel

$$\omega' = \frac{y'}{a'} = \frac{y}{a}$$

Die Vergrößerung der Lupe ist

$$\overline{\Gamma'} = \frac{\omega'}{\omega} = \frac{y/a}{y/250} = \frac{250}{a}$$

Nun folgt aber aus der Linsenformel (1):

$$\frac{1}{a} = \frac{1}{a'} - \frac{1}{f} = \frac{f - a'}{a'\,f},$$

und mit Berücksichtigung der Vorzeichen der Abb. 11:

$$\frac{1}{a} = \frac{f - (-)\,|a'|}{(-)\,|a'|\,f} = -\frac{f + |a'|}{|a'|\,f}$$

$$\frac{1}{|a|} = \frac{f + |a'|}{|a'|\,f}$$

Damit und mit $|a'| = 250$ mm wird die Vergrößerung

$$\overline{\Gamma'} = \frac{250}{a} = 250 \cdot \frac{f + 250}{250\,f}$$

$$\overline{\Gamma'} = \frac{250}{f} + 1 \qquad (5)$$

Diese Formel erklärt sofort die Tatsache, warum eine Linse der Brennweite $f = 250$ mm, die nach der Formel $\overline{\Gamma'} = \frac{250}{f}$ überhaupt nicht vergrößern dürfte, in Übereinstimmung mit dem praktischen Versuch für ein normales Auge die Vergrößerung $\overline{\Gamma'} = 2$ ergibt. Der Beobachter schiebt nämlich die Lupe solange zum Gegenstand hin, bis er in natürlicher Sehweite erscheint (siehe nächstes Kapitel).

DIE DURCHRECHNUNG VON STRAHLEN DURCH EIN SYSTEM ZENTRIERTER LINSEN

1. Strahlen von sehr kleiner Neigung gegen die Achse

Vorzeichenregel:

Das Licht wird stets von links kommend betrachtet. Alle Strecken, die, von der zugehörigen Fläche aus gerechnet, *gegen* die Lichtrichtung verlaufen, haben negatives, im entgegengesetzten Falle, positives Vorzeichen. Die das Vorzeichen bestimmende Richtung der Radien ist die

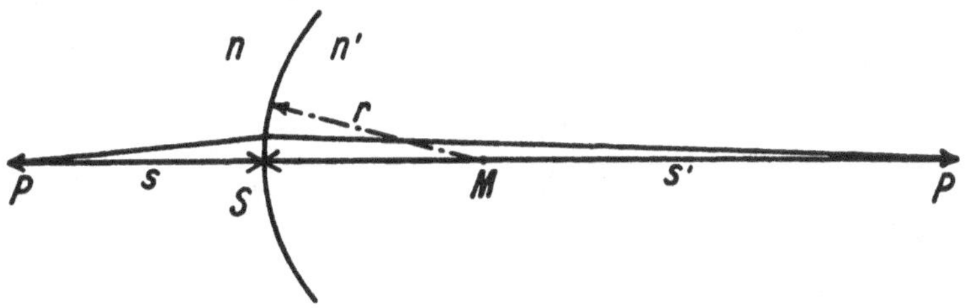

Abb. 12

von der Fläche zum Mittelpunkt. Ist diese Richtung die gleiche wie jene des Lichtes, so ist der Radius positiv, im umgekehrten Falle negativ. Strecken (z. B. Einfallshöhen) oberhalb der optischen Achse sind positiv, unterhalb derselben negativ einzusetzen. Das Vorzeichen der Winkel ist zweckmäßig aus dem Verhältnis der sie bestimmenden Strecken abzuleiten. Sonderregeln sind genau zu definieren, wenn spezielle Rechenmethoden sie erfordern (siehe S. 23). In Abb. 12 ist $r = SM$ positiv, $s = SP$ negativ, $s' = SP'$ positiv.

Bei photographischen Objektiven, Fernrohrlinsen und gewöhnlichen Achromaten wird die erste Dingweite s_1 meist unendlich groß angenommen.

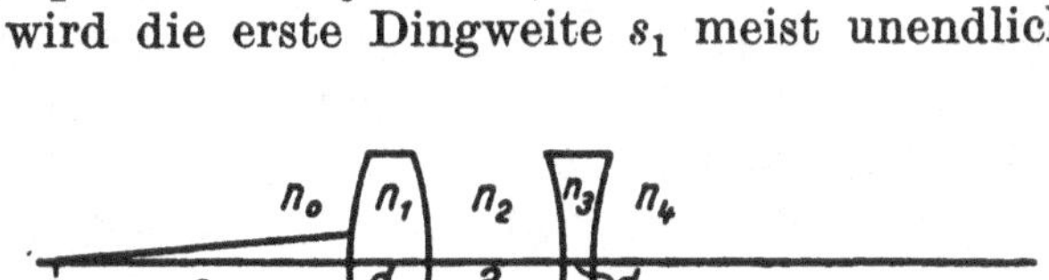

Abb. 13

Zur Auffindung des Ortes der optischen Achse, an welchem, senkrecht zu ihr angenommen, die sog. Gaußsche Bildebene steht, wird zunächst ein Strahlenbündel bzw. -büschel unendlich kleiner Öffnung durchgerechnet. Ein solches Büschel ist vollkommen bestimmt durch Angabe des Abstandes seines Ausstrahlungspunktes auf der optischen Achse vom nächsten Linsenscheitel. Dieser Abstand wird vor der Brechung mit s, nach der Brechung mit s' bezeichnet. Sind (Abb. 13) r_1, r_2, r_3, r_4 usw. die Radien, d_1, d_2 ..., die Linsendicken, a_1, a_2 ..., die Scheitelabstände der Linsen auf der Achse, n_0, n_1, n_2, n_3 ..., die Brechungsindices der Medien, zwischen den sie trennenden Linsenflächen, so rechnet man nach folgendem Schema in der Reihenfolge 1., 2., 3., 4. Also:

Wir rechnen in der Reihenfolge:

Erstens		Drittens	Zweitens	Zuletzt: Übergang zur nächsten Fläche
n_0	$n_1 - n_0$	n_1	$^1/S_1$	s'_1
$: s_1$	$: r_1$	$: {}^1/S'_1$	$+ {}^1/R_1$	$- d_1$
$= {}^1/S_1$	$= {}^1/R_1$	$= s'_1$ ↑ (Resultat)	$= {}^1/S'_1$	$= s_2$
n_1	$n_2 - n_1$	n_2	$^1/S_2$	s'_2
$: s_2$	$: r_2$	$: {}^1/S'_2$	$+ {}^1/R_2$	$- a_1$
$= {}^1/S_2$	$= {}^1/R_2$	$= s'_2$	$= {}^1/S'_2$	$= s_3$
		usw.		

Der Abbildungsmaßstab (s_1 *nicht* unendlich) ist $\beta' = \dfrac{s'_1 \cdot s'_2 \cdot s_3 \cdots\cdots}{s_1 \cdot s_2 \cdot s_3}$

Die Brennweite des Systems (s_1 unendlich) ist $f = \dfrac{s'_1 \cdot s'_2 \cdot s'_3 \cdot s'_4 \cdots}{s_2 \cdot s_3 \cdot s_4}$

Rechenbeispiel: $n = 1.5$, $r_1 = +55.0$, $d_1 = 7$ $r_2 = -60.0$ $s_1 = -137$

Logarithmen			Numeri		
0.00000 +	9.69897 +	0.17609	·· 90910 +	837.18 +	$= s'_1$
2.13672 —	1.74036 +	7.25327	·· 72993 —	7.0	$- d_1$
7.86328	7.95861	2.92282	·· 17917 +	830.18 +	$= s_2$
—	+				
0.17609 +	9.69897 —	0.	·· 83334 +		
2.91917 +	1.77815 —	8.00604	·· 18068 +	98.62 +	$= s'_2$
7.25692	7.92082	1.99396	· 101402 +		
+	+	+			

2. *Strahlen mit endlicher Neigung gegen die Achse*

(Trigonometrische Durchrechnung)

a) *Ältere Methode*: nach der Darstellung von M. von ROHR und W. MERTÉ

Gegeben $r_1, n_0, n_1, s_1, \sigma_1$.

$$\sin i_1 = \frac{(s_1 - r_1) \cdot \sin \sigma_1}{r_1}$$

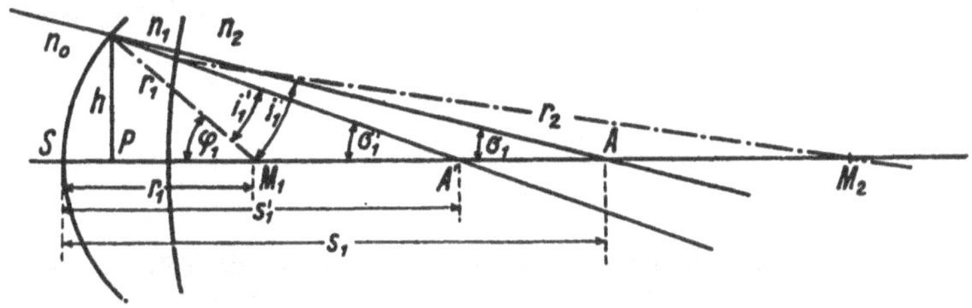

Abb. 14

$$\sin i'_1 = \frac{n_0}{n_1} \sin i_1 \qquad \text{(Brechungsgesetz)}$$

$$\sigma'_1 = \sigma_1 + (i_1 - i'_1)$$

$$\varphi_1 = \sigma_1 + i_1 = \sigma'_1 + i'_1$$

$$s'_1 = c' + r_1 \qquad c' = \frac{r_1 \cdot \sin i'_1}{\sin \sigma'_1} \qquad h_1 = r_1 \sin \varphi_1;$$

$$\text{Pfeilhöhe } SP = 2r \cdot \sin^2 \frac{\varphi}{2}$$

Übergang zur nächsten Fläche: gegeben d_1, r_2, n_2 $s_2 = s'_1 - d$, $u_2 = u'_1$

Sonderfall: $r = \infty$ (Eine Linsenfläche ist eine Planfläche)

gegeben s, σ $\qquad h = s \cdot \operatorname{tg} \sigma \qquad |\sigma| = |i| \; |\sigma'| = |i'|$

Da hier wieder $\qquad \sin i' = \frac{n}{n'} \sin i$

so erhalten wir

$$s' = \frac{h}{\operatorname{tg} \sigma'} = \frac{h}{\operatorname{tg} i'}$$

Vorzeichenregel: s, s', r wie vorher, σ, σ' in Abb. 14 und 15 *positiv*. Man berechnet auf obige Art die letzten Schnittweiten des Linsensystems für Strahlen verschiedener Einfallshöhen. Die maximale

(h_{max}) d. h. die halbe größte vordere Öffnung des Systems ist durch die gestellte Aufgabe bestimmt. Man rechnet dann noch für $\frac{h_{max}}{\sqrt{2}}$ (Zonenstrahl) evtl. noch einen Zwischenstrahl. Für $h = 0$ ergibt sich die letzte Schnittweite aus der paraxialen Rechnung, ebenso die Brennweite.

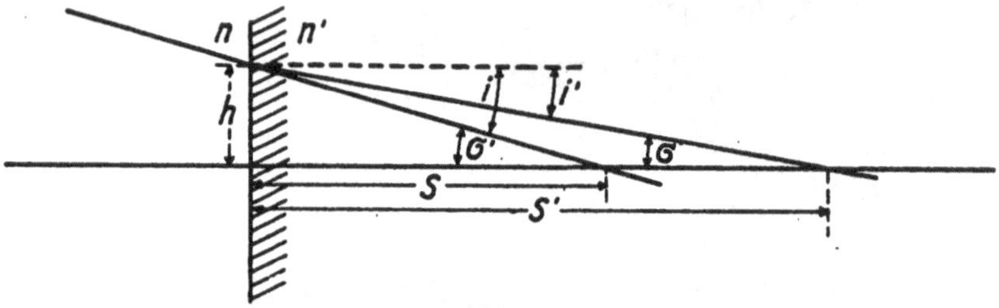

Abb. 15

Für die Strahlen endlicher Neigung ist die Brennweite für jede Einfallshöhe h, $f_h = \frac{h}{\sin \sigma'_k}$ wo σ'_k die Neigung des aus der letzten Linse austretenden Strahles zur optischen Achse ist. War s_1 nicht ∞, sondern von endlicher Größe, ebenso die letzte Schnittweite, so ist

$$\frac{\sin \sigma}{\sin \sigma'} = \frac{n}{n'} \beta$$

der Abbildungsmaßstab, mit welchem das System unter der gegebenen Bedingung (bestimmt durch s_1) operiert. Vorausgesetzt, daß Objekt und Bild in Luft stehen, was praktisch fast immer der Fall sein wird, ist $\frac{n}{n'} = 1$.

b) Neuere Methode der trigonometrischen Durchrechnung

(Wanach u. Bruns Centrallotorientierung, v. Rohr 1904)
(H. J. Gramatzki „Über eine neue Durchrechnungsmethode", Zentralzeitung für Optik und Feinmechanik, 9. Mai 1931, Heft 107).

Die vorliegende Durchrechnungsmethode vermindert den Aufwand an Rechenarbeit und Nachschlagezeit und ermöglicht ein wesentlich rascheres Durchrechnen optischer Systeme. Dicken, Abstände und Schnittweiten treten nicht auf. Der bei der astigmatischen Durchrechnung vorkommende Wert $\frac{n' \cos i' - n \cos i}{r}$ wird durch eine einzige Multiplikation bereits vorhandener Werte als Logarithmus erhalten. Die Methode beruht auf einer besonderen Wahl der Strahl-Koordinaten.

Der Strahl wird bestimmt durch:

1. Das Lot N vom Krümmungsmittelpunkt der brechenden Fläche auf den Strahl.
2. Den Neigungswinkel u des Strahles gegen die optische Achse.

Das Brechungsgesetz nimmt folgende Form an:

Ist N das Lot vor der Brechung, N' nach der Brechung, so ist

$$n' N' = n \cdot N \text{ oder } N' = \frac{n}{n'} \cdot N$$

Für den Brechungswinkel i gilt

$$\sin i = \frac{N}{r}\;;\; \sin i' = \frac{N'}{r} = \frac{n}{n'} \sin i$$

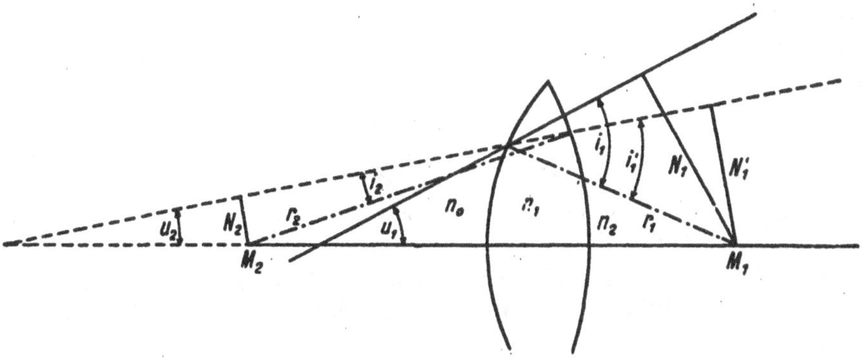

Abb. 16

Vorzeichen:

Das Vorzeichen der Brechungswinkel spielt keine Rolle bei der Durchrechnung und braucht nicht beachtet zu werden. Die Ablenkungswinkel $\Delta i = (i - i')$ werden also stets so errechnet, daß man den kleineren Brechungswinkel vom größeren abzieht. Das Vorzeichen von Δi ergibt sich aus einer besonderen, sehr einfachen Regel, der wir die anderen anschließen.

1. Das Vorzeichen der Radien bestimmt sich nach der üblichen Regel: Verläuft die Strecke Scheitel → Mittelpunkt im Sinne des stets links kommenden Lichtes, so ist der Radius *positiv*, sonst negativ.

2. Das Vorzeichen des Neigungswinkels u ist *positiv* bei *ansteigendem* Strahl (z. B. Abb. 18), bei abfallendem *negativ*, was leicht zu behalten ist. (Entgegengesetzt der üblichen Vereinbarung!)

3. Das logarithmische Operationszeichen des Brechungsverhältnisses an Kittflächen ist *positiv*, wenn $n_m > n_{m+1}$, *negativ* im umgekehrten Falle. Bei der Berechnung dieses Verhältnisses wird dafür *stets der größere Index durch den kleineren dividiert,* die Indexwerte sind also ausnahmslos alle größer als 1. Es ist eine besondere Eigentümlichkeit

dieses Verfahrens, daß das logarithmische Operationszeichen (+ bei Multiplikation, $n_m < n_{m+1}$, — bei Division, $n_m < n_{m1}$) den Charakter eines Vorzeichens bekommt, durch das man sofort und irrtumsfrei ersieht, ob die Strahlablenkung $(i - i')$ positiv oder negativ ist, zu u addiert oder von u subtrahiert werden muß, wie wir sogleich im Rechenschema sehen werden.

Rechenschema für ***eine*** *Fläche.* Gegeben $u_0(+)$, $N_1(+)$ $r_1(+)$ n_0, n_1

$u_1(+)$

$N_1(+)$

$: r_1(+)$

$= \sin i_1$

$: \frac{n_1}{n_0}$ logarithmisches Operationszeichen : (—)

$= \sin i'_1$

$\cdot r_1$

$= N_1$

Regel: Das Vorzeichen von $i_1 - i'_1$, $(i_1 > i'_1)$ oder gelegentlich auch $i'_m - i_m$ $(i'_m > i_m)$ ist das Produkt aus den Vorzeichen von N, r und dem logarithmischen Operationszeichen. Dieses ist negativ, wenn $n_{m+1} > n_m$, positiv, wenn $n_{m+1} < n_m$.

Im Beispiel nebenan ist also das Ablenkungsvorzeichen = Plus · Plus · Minus = Minus $u_1 = u_0 - \Delta i_1$, denn Δi, ist also negativ.

Wäre $n_0 > n_1$, so wäre das Operationszeichen +, Δi_1 wird positiv $u_1 = u_0 + \Delta i_1$. Da wir bei der Aufsuchung des Logarithmus des Brechungsverhältnisses an einer Fläche stets den Quotienten aus dem *größeren* Index, dividiert durch den kleineren, bilden, ist die Rechnung vollkommen in Ordnung.

Die Vorzeichenregel für den Ablenkungswinkel erscheint nur kompliziert, sie vereinfacht aber die Rechnung, da jede Erwägung und Berücksichtigung des Vorzeichens der brechenden Winkel entfällt. Die ganze Regel läßt sich vereinfacht wie folgt ausdrücken:

Der Ablenkungswinkel ist stets positiv zu nehmen als die Differenz zwischen dem größeren i und dem kleineren i. An allen brechenden Flächen ist der Logarithmus des Verhältnisses des größeren Index zum kleineren zu nehmen (ohne Rücksicht darauf, ob der größere vor oder hinter der Fläche ist). Dann ist das Operationszeichen der Brechung positiv, wenn $n_m > n_{m+1}$, wenn $n_m < n_{m+1}$ negativ.

Das Vorzeichen von Δi ist dann das Produkt der Vorzeichen von N, R und dem Operationszeichen.

Es ist ohne Belang, ob die Fläche sammelnd oder zerstreuend wirkt!

Übergang zu der nächsten Fläche

Ist M_{12} der Mittelpunktsabstand zweier aufeinanderfolgender Flächen, wobei M_{12} positiv ist, wenn die Strecke M_1M_2 *mit* der Lichtrichtung verläuft, negativ im umgekehrten Falle, so haben wir (s. Abb. 16)

$N_2 = N'_1 + M_{12} \cdot \sin u_2 \quad u_2 = u_1 + \triangle i_1$ (oben $\triangle i_1$ negativ)

Die Rechnung geht dann wieder wie oben weiter.

N_2 (+)
$: r_2$ (—)
$= \sin i_2$
$\cdot \frac{n_1}{n_2}$ (+) Operationszeichen
$= \sin i'_2$

Vorzeichen von Δi = Plus mal Minus mal Plus = Minus. Wäre $n_2 > n_1$, so müßten wir den Logarithmus $\frac{n_2}{n_1}$ aufschlagen, gleichzeitig wird, da $n_1 < n_2$ das Operationszeichen negativ, Vorzeichen Δi = + mal — mal — = +, also $u_2 = u_1 + \Delta i_1$.

Übergang zu und von einer Planfläche

Es wird dem Leser aufgefallen sein, daß bei dieser Methode die Schnittweiten s' nicht vorkommen. Sie sind für die Durchrechnung überflüssig, wodurch die Rechenarbeit erheblich reduziert wird. Es empfiehlt sich aber, bei der allerersten Durchrechnung eines neu angelegten Systems dennoch die Schnittweiten auszurechnen, da man sie dauernd mit den paraxialen Schnittweiten vergleichen und so evtl. Rechenfehler sofort erkennen kann.

Die Schnittweite an einer Kugelfläche ist

$$s' = r - \frac{N'}{\sin u} \quad \text{(alle drei Vorzeichen von } r, N', u \text{ beachten!)}$$

u ist die Strahlenneigung *nach* der Brechung an der Fläche mit dem Radius r. Vor der Brechung gilt

$$s = r - \frac{N}{\sin u}$$

u ist der Neigungswinkel *vor* der Brechung.

Beim Übergang von und zu Planflächen empfiehlt es sich, da bei $r = \infty$ der Mittelpunkt im Unendlichen liegt, die Schnittweiten auszurechnen und erst beim Übergang zur Kugelfläche wieder in das obige Rechenschema einzutreten.

Wir rechnen also s'_1 (Schnittweite an der Kugelfläche r_1 *nach* der Brechung

$$= r_1 - \frac{N'_1}{\sin u_2} \quad (s'_1 \text{ ist in Abb. 17 } \textit{negativ}).$$

s_2 (Schnittweite an der Planfläche *vor* der Brechung) =

$$- s'_1 - d_1, h = s_2 \operatorname{tg} u_2, \quad \sin u_3 = \frac{n_1}{n_2} \sin u_2$$

u_3 = Neigung an der Planfläche *nach* der Brechung

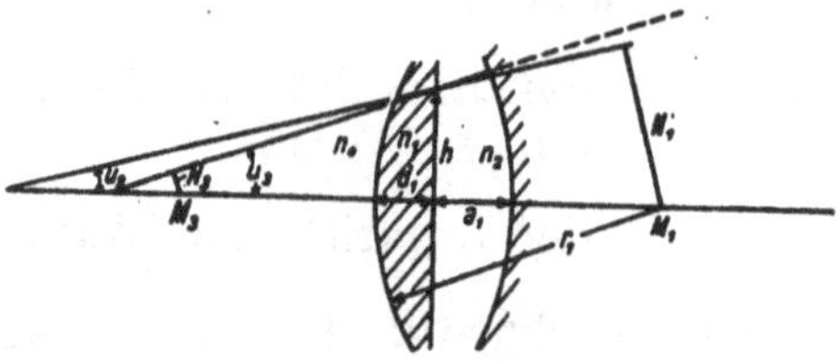

Abb. 17

$$s'_2 = -\frac{h}{\operatorname{tg} u_3},\quad s_3 = s'_2 - a_1$$

Aus der obenstehenden Formel für s_3: $N_3 = (r_3 - s_3)\sin u_3$, worauf die Rechnung wieder so weitergeführt wird wie oben.

Praktisches Beispiel

(Erstes Glied eines Petzvalobjektivs)

Gläser

	n_c	n_F
K_5	1.51981	1.52857
	(18178)	(18428)
log $(n-1)$	(9.71584)	(9.72310)
F_4	1.61164	1.62848
	(20727)	(21178)
log $(n-1)$	(9.78650)	(9.79829)
$n_F - n_{K5}$	0.09183	0.09991
	(8.96298)	(8.99961)
$\log \frac{n_{F4}}{n_{K5}}$	(02549)	(02750)

(11.1) 2.65 (
K_5 F_4

62.137	49.284	800.0
(79335)	(69270)	(90309)

$$M_m M_{m+1} = \gamma_{m+1} + d - \gamma_m$$

Also

$$M_{12} = -\ 49.284 + 11.1 - 62.13$$
$$= -100.321\ (00139)$$
$$M_{23} = +\ 846.634\ (92769)$$

Anlage der Rechnung:

Man zeichnet sich oben auf dem Kopfe des Blattes schematisch das Objektiv auf, so daß Konvex-, Konkav- und Planflächen als solche zu erkennen sind. Radien, Dicken, Abstände, Durchmesser und Glassorten werden eingeschrieben, bei den Radien eingeklammert die Mantissen der Logarithmen. Alle logarithmischen Angaben werden zur Unterscheidung von den Numeri *eingeklammert*. Es werden nur die Mantissen notiert. Die Mittelpunktsabstände trägt man rechts ein, die Glasziffertabelle links. Die Anordnung in Zeilen für jedes Glas hat sich gut bewährt, weil bei Kittflächen die Ermittlung der Differenzen und Quotienten der Brechungsindices bequem ist. Bei der Berechnung von N' schreibt man den Radius nicht noch einmal unter sin i', sondern addiert die Logarithmen über die anderen Zahlen hinweg.

	Randstrahl n_F		Zonenstrahl n_F	
	$N_1 = 24$		$N_1 = 17.7$	
		$u_1 = 0$		$u_1 = 0$
N_1	1.38021 +		1.24797 +	
r_1	1.79335 +	22 43 16	1.79335 +	16 33 00
$\sin i_1$	9.58686	14 38 11	9.45462	10 44 25
n_1	0.18428 —	8 5 5	18428 —	5 48 35
				—
$\sin i'_1$	9.40258	Δi_1 (—)	9.27034	
N'_1	1.19593 +	$u_2 = \Delta i_1$ 8 5 5	1.06369 +	$u_2 = \Delta i_1$ = 5 48 35
		—		—
M_{12}	2.00139 —	u_2	2.00139 —	11.5795 +
nu_2	9.14810 —	N'_1 15.7010 +	9.00528 —	10.1548 +
	1.14949 +	14.1087 +	1.00667 +	21.7343
		N_2 29.8097		+
N_2	1.47435 +	+	1.33714 +	
r_2	1.69270 —	i_2 37 13 7	1.69270 —	26 10 5
$\sin i_2$	9.78165	i'_2 34 35 33	9.64444	24 27 11
n/n	.02750 —	Δi_2 2 37 34	02750 —	1 42 54
$\sin i'_2$	9.75415	+	9.61694	+
				u_3 4 5 41
N'_2	1.44685 +	u_3 5 27 31	1.30964 +	—
	2.92769 +	—	2.92769 +	60.453 —
	8.97830 —	80.536 —	8.85373 —	20.4005 +
	1.90599 —	27.980 +	1.78142 —	40.0525 —
		52.556 —		
	1.72062 —	6 8 28.5	1.60262 —	4 40 35
	2.90309 +	3 46 0.3	2.90309 +	2 52 11
	8.81753	Δi_3 2 22 28.2	8.69953	1 48 24
	.21178 +	5 27 31.0	21178 +	4 5 41
	9.02931	u_4 7 49 59.2	8.91131	u_4 5 54 5
	1.93240	—	1.81440	—

Paraxiale Rechnung

n_c

0.	9.71584	0.18178		181.674 s'_1 +
	1.79335	7.92249		11.1 d_1
	7.92249	2.25929		170.574 s_2 +
0.18178	8.96298	0.20727	··89098 +	228.716 s_2 +
2.23191	1.69270	7.84797	··18633 —	2.65 d_2
7.94987	7.27028	2.35930	··70465 +	226.066 s_3 +
0.20727	9.78650	0.	··712917 +	
2.35423	2.90309	7.80377	···76456 —	
7.85304	6.88341	2.19623	··636461 +	157.12 s'_3 +

analog für n_F s'_3 für n_F ist 157.960 Man rechne zur Übung nach.

Anm. Es ist zur Übersicht vorteilhaft, die in der 4. Kolonne stehenden $\frac{n-1}{r}$-Werte etwa durch ein Häkchen von den reziproken Schnittweiten zu unterscheiden, da man sie bei Dicken- und Abstandsänderungen unverändert benutzen kann.

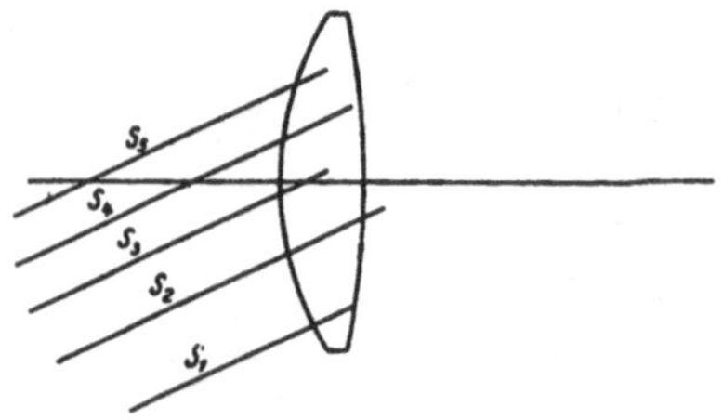

Abb. 18

Am Schlusse der Durchrechnung erst berechnen wir uns die Werte, die wir zur Beurteilung des Korrektionszustandes des Objektivs brauchen: die letzte Schnittweite und die Brennweite. Wir haben

$$s'_k = r_k - \frac{N'_k}{\sin u_{k+1}}\,; \qquad f' = -\frac{N_1}{\sin u_{k+1}}$$

Berechnung der Koma

Die Durchrechnung erfolgt nach dem genau gleichen Schema für mindestens 4 einander parallele Strahlen S_1—S_5 der Neigung u_1 (formell am besten positiv). Man vergewissere sich vorher durch graphische Durchrechnung, wie hoch der oberste Strahl liegen darf, damit er wirklich durchs Objektiv hindurchgeht und nicht an irgendeiner Stelle in die Fassung.

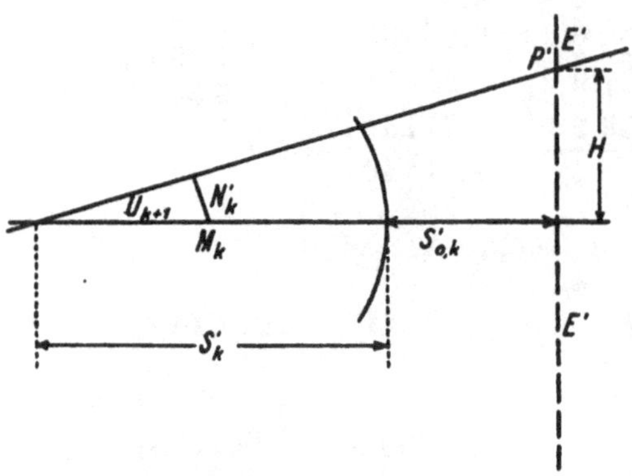

Abb. 19

Am Schluß müssen die Höhen H der Durchstoßpunkte P' der Strahlen mit der Gaußschen Abbildungsebene $E'E'$ berechnet werden, also der zur optischen Achse senkrechten Ebene im paraxialen Abbildungspunkt Abb. 19. Wir haben 2 Formeln zur Verfügung

1.) $H = (s'_{0k} - s'_k)\, \text{tg}\, u_{k+1}$

$$s'_k = r_k - \frac{N'_k}{\sin u_{k+1}} \quad \text{(hiernegativ!)}$$

2.) $H = \dfrac{M_k E' \cdot \sin u_{k+1} + N'_k}{\cos u_{k+1}}$

Zur anschaulichen Darstellung berechne man diese Durchstoßhöhen für eine Ebene 5 mm vor $E'E'$ und eine 5 mm dahinter. Dann bilde man für jede dieser Ebenen unter freier Wahl eines Null-Strahles die Höhendifferenzen und trage sie, zehnfach vergrößert, an zwei senkrechten Linien auf, die einen Abstand von 100 mm haben (Abb. 20). Man erhält ein stark übertriebenes aber aufschlußreiches Bild vom Strahlenverlauf und kann häufig auf diese Weise feststellen, daß trotz starker Streuung der Durchstoßpunkte in der Gaußschen Ebene, meist kaum

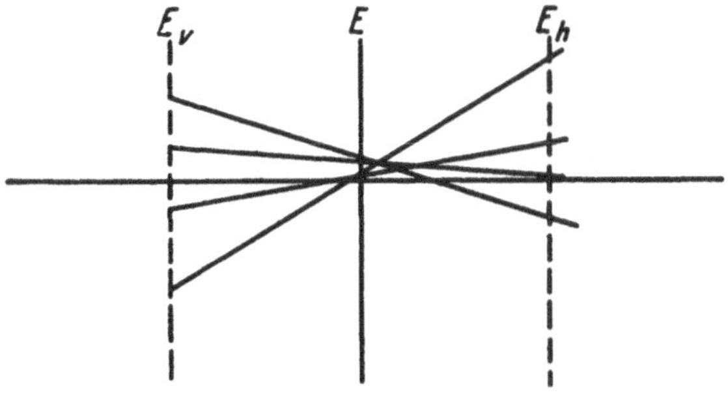

Abb. 20

einen Millimeter vor derselben, die Komastrahlen sich fast genau in einem Punkte geschnitten haben, das Objektiv also komafrei ist, aber leider Bildfeldwölbung aufweist. Hier ist Abhilfe meist nicht möglich, da die Bildfeldwölbung im Typ des Objektivs begründet ist und höchstens vermindert werden kann.

DIE GRAPHISCHE DURCHRECHNUNG

Für die Durchrechnung, insbesondere von Beleuchtungssystemen, ist die graphische Durchrechnungs-, besser gesagt, Durch*zeichnungs*methode, der numerischen Rechnung in jeder Hinsicht vorzuziehen. Sie gestattet es, in etwa einem Zehntel bis Zwölftel der Arbeitszeit, Strahlen endlicher Neigung und endlicher Einfallshöhen durch ein System sowohl zentrierter wie dezentrierter Linsen zu verfolgen, und zwar mit einer Genauigkeit, die, von ganz besonderen Fällen abgesehen, für Beleuchtungssysteme völlig ausreichend ist. Der Zeitaufwand je Fläche beträgt bei einem einigermaßen geübten Zeichner etwa 15 Sekunden, während bei der numerischen Durchrechnung allein das Auffinden und Niederschreiben einer einzigen trigonometrischen Funktion ebensoviel Zeit in Anspruch nimmt. Die graphische Methode hat außerdem den Vorteil, daß der Strahlengang geometrisch sichtbar wird, und die Bedeutung und Wirkung der Linsen, Dicken und Abstände sofort erkennbar ist. Die bei numerischer Rechnung sehr schwierige Umkehrung einer Rechnung, bei der also nicht der Weg des Lichtstrahls bei der Brechung an einer Kugelfläche bestimmt werden soll, sondern umgekehrt, der Radius und die Stellung einer Kugelfläche zu finden ist, die einem Strahl einen geforderten Verlauf gibt, diese Umkehrung ist graphisch sehr leicht und einfach.

Auch die chromatischen Aberrationen können nach diesem Verfahren ermittelt werden, wie dargelegt werden wird.

Aber auch bei völlig neuartigen Abbildungssystemen, z. B. photographischen Objektiven, leistet die graphische Methode durch ihre Schnelligkeit außerordentliche Dienste. Der Einwand, die graphische Methode wäre erheblich ungenauer, ist nicht stichhaltig, denn bei solchen graphischen Analysen neuer Systeme kommt es zunächst auf die Ermittlung der prinzipiellen Wirkungsweise der Linsen an, die bei Durchrechnung zweier Strahlen bei acht Flächen etwa zwei Minuten in Anspruch nimmt, während die gleiche Durchrechnung numerisch und trigonometrisch bei einem gewandten Rechner etwa ½ Stunde je Strahl dauert. Die Ungenauigkeit verliert bei einer solchen analytischen

Durchrechnung an Bedeutung, denn ebenso wie man auch mit einem ungenauen Thermometer *eines* sicher ermitteln kann, nämlich, ob die Temperatur steigt oder fällt, so kann man trotz der Ungenauigkeit einer graphischen Analyse mit absoluter Sicherheit festtellen, ob eine Änderung einer Fläche den Fehler vergrößert oder verkleinert.

Die graphische Durchrechnung ist nicht beschränkt auf die Durchrechnung der einzelnen Strahlen zur Bestimmung der sphärischen Aberration, der Abweichung von der Sinusbedingung, der Koma und hieraus der Bildfeldwölbung, sowie der chromatischen Aberration, es gibt auch eine Konstruktion die es ermöglicht, den Astigmatismus graphisch zu bestimmen. Die Grenzen der Brauchbarkeit der graphischen Methode sind in den folgenden Fällen erreicht:

1. Die Brechungswinkel und der Winkel der Neigung des Strahles gegen die optische Achse sind klein ($< 5^0$). Die Schnittpunkte lassen sich dann nicht mehr mit genügender Genauigkeit zeichnen, kleinere Fehler im Winkel bringen größere Fehler in der Lage der Schnittpunkte mit sich.

2. Der Unterschied der Radien, also der Unterschied zwischen dem größten und kleinsten Radius, wird so groß, daß die Krümmungsmittelpunkte der Fläche mit großem Radius nicht mehr auf dem Zeichnungsblatt Platz finden. Man kann sich in diesem Falle zwar damit helfen, daß man alle Radien proportional verkleinert, wenn aber dann die kleinsten Radien kleiner werden als z. B. 20 mm, werden wieder die Fehler beim Durchzeichnen des Strahles durch diese Linsen mit kleinem Radius größer. Dagegen kann man natürlich zur Vergrößerung der Genauigkeit in besonderen Fällen, wo die Radien eines Objektives klein sind, alle Radien proportional vergrößern. Das bringt oft große Vorteile mit sich.

Aus den oben angegebenen Einschränkungen geht z. B. hervor, daß man Fernrohrobjektive graphisch nicht durchrechnen kann.

Mathematische Grundlage der graphischen Methode

Gegeben: Der Strahl S (Abb. 21) schneidet die Kugelfläche im Punkte P der meridionalen Ebene (Papierebene), M ist der Krümmungsmittelpunkt, MP ist demgemäß der Krümmungsradius, r; n_1 und n_2 sind die Brechungsindices des Raumes außerhalb bzw. innerhalb der Kugelfläche. Sie sind im Beispiel $n_1 = 1{,}0$; $n_2 = 1{,}60$ angenommen.

Aufgabe: Wir schlagen um den Punkt P zwei Kreise K_1 und K_2, deren Radien sich wie $n_1 : n_2$, also in diesem Falle wie $1{,}0 : 1{,}60$ verhalten. Der Strahl S schneidet K_1 in P_1. Wir ziehen durch P_1 eine Gerade AB parallel zur MP. Diese Gerade schneidet K_2 in P_2. Die Verbindungslinie PP_2 ist der in P gebrochene Strahl S'.

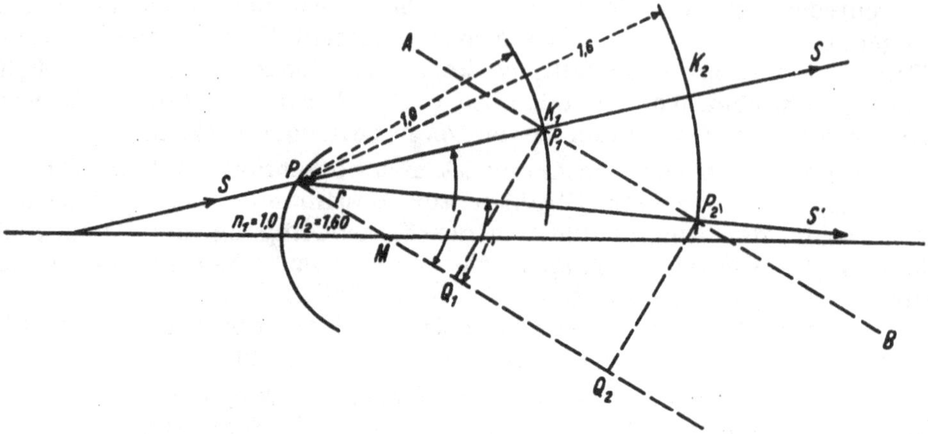

Abb. 21

Beweis: Da AB parallel ist zu PM, so sind die Lote P_1Q_1 und P_2Q_2 auf der in der Zeichnung punktierten Verlängerung von MP beide gleich groß. Nun ist

$$\frac{P_1 Q_1}{PP_1} = \sin i: \frac{P_2 Q_2}{PP_2} = \sin i'. \text{ Da } P_1 Q_1 = P_2 Q_2, \text{ so ist}$$

$$\frac{PP_1}{PP_2} = \frac{\sin i'}{\sin i} = \frac{n_1}{n_2}$$

womit das Brechungsgesetz erfüllt ist.

Praktische Durchführung

Zum praktischen Gebrauch wäre es sehr umständlich, sich jedesmal die beiden Kreise K_1 und K_2 um den Eintrittspunkt P des Strahles in die Kugelfläche ziehen zu müssen, es würden auch unkontrollierbare Fehler dadurch auftreten. Praktisch wird die Methode aus diesem Grunde wie folgt durchgeführt:

Das optische System wird mit Achse, Krümmungsmittelpunkten und Kugelflächen (in diesem Falle Kreise) auf Transparentpapier gezeichnet. Dann wird auf dünnem, aber hartem weißen Kartonpapier eine Schablone (Abb. 22) angefertigt.

Der Karton hat die Form eines Sektors B mit einem Handgriff A, um ihn unter das Transparentpapier zu schieben und dort bewegen zu können. Um den Punkt P, der am besten durch einen kleinen, dicken, schwarzen Kreis von 2,0 mm Durchmesser und 0,5 mm Linienbreite markiert wird, wird ein Kreis K_1 mit einem Radius von 100 mm gezogen. Soll der Strahl durch eine Linse aus SK_{14} gehen, so ziehen wir noch zwei Kreise K_2 um P mit den Radien 160,0 und 161,5 mm[1] und füllen den Zwischenraum schwarz aus. Man kann natürlich auch Kreise für die Brechungsindices C und F oder D und G ziehen, aber es ist besser, nicht gleichzeitig drei Brechungsindices auf die Schablone zu

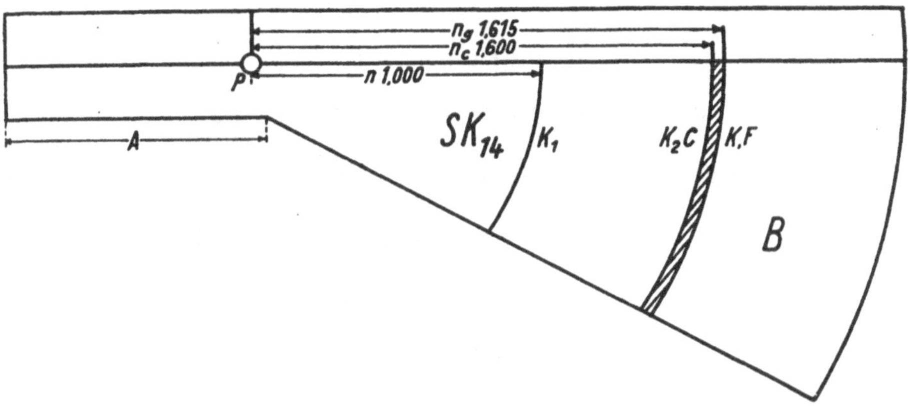

Abb. 22

zeichnen. Hingegen kann man auf ein- und derselben Schablone die Kreise für drei oder vier Glassorten aufzeichnen, wenn sie nur weit genug voneinander abstehen, damit sie beim Zeichnen nicht verwechselt werden. Der breite Kreisstreifen hat den Vorteil, daß man 1. *zwei* Brechungsindices hat, also chromatische Aberration bestimmen kann, 2. daß der Schnittpunkt P_2 (Abb. 21) genau bestimmt ist, weil die innere und äußere Begrenzung des Kreisstreifens als deutliche Grenze zwischen schwarz und weiß dimensionslos ist.

Beim praktischen Arbeiten zieht man vom gebrochenen Strahl nur den Teil aus, der in der Linse bis zur nächsten Fläche verläuft, markiert aber den Punkt P_2 durch ein etwas längeres Stück des gebrochenen Strahles und versieht ihn mit zwei Nummern, von denen die eine die Nummer des Strahles, die andere die Ordnungszahl der Brechung ist. Die Strahlen zur Ermittlung der sphärischen Aberration bezeichnet man mit S, die Komastrahlen mit K. So kann man auf ein- und derselben Zeichnung sphärische Aberration, Sinusbedingung und Koma durchzeichnen, ohne daß Verwirrung entsteht.

[1] entsprechend n_C und n_g

Graphische Ermittlung des Astigmatismus[1]

Konstruktion:

Ermittlung von ſ'

Man zieht von dem Bildpunkte *A* eine Gerade (Abb. 23) durch den Krümmungsmittelpunkt *M*. Ihr Schnitt mit dem gebrochenen Strahl *S'* ist der Ort des sagittalen Bildpunktes $A'_ſ$. $PA'_ſ$ ist = ſ' = der sagittalen Schnittweite.

Ermittlung von *t'*

Während das sog. perspektivische Zentrum für die sagittale Abbildung der Krümmungsmittelpunkt *M* ist, muß das perspektivische Zentrum *K* für den meridionalen Bildpunkt erst gefunden werden. Zu diesem Zwecke zieht man die beiden Lote vom Krümmungsmittelpunkt auf den gebrochenen und den ungebrochenen Strahl und erhält so die

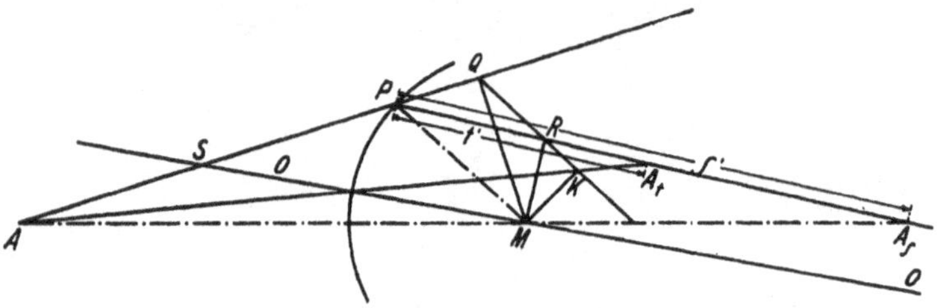

Abb. 23

Punkte *Q* und *R*. Das Lot von *M* auf die Verbindungsgerade von *Q* und *R* ergibt das meridionale perspektivische Zentrum *K*. Der Schnitt der Geraden *AK* mit dem gebrochenen Strahl ergibt den Punkt *A'*t, den meridionalen Bildpunkt. *PA'*t ist die meridionale Schnittweite t'.

Ist *A* nicht aberrationsfrei, sondern bereits mit Astigmatismus behaftet, so daß wir zwei Punkte *A* ſ und *A*t haben, so wird *A* ſ mit *M*, *A*t mit *K* verbunden.

Der mathematische Beweis für diese Konstruktion ist sehr verwickelt und soll hier nicht geführt werden.

[1] Siehe W. Merté, Handbuch der Physik, Geiger und Scheel B. XVIII, S. 70—72 (Planflächen)

RECHNERISCHE BEHANDLUNG DES ASTIGMATISMUS

Wir betrachten ein Triplett (Abb. 24). Auf Grund der paraxialen Durchrechnung haben wir für eine ausgewählte Farbe die Schnittweite $s'_{k\infty}$ (also für $s_1 = \infty$) bestimmt und dadurch die Lage der Gaußschen Abbildungsebene $E'E'$. Sie soll die ideale Abbildungsebene sein, d. h. wir versuchen, die sagittalen und tangentialen Bildpunkte für die schiefen Büschel möglichst nahe an diese Ebene heranzubringen.

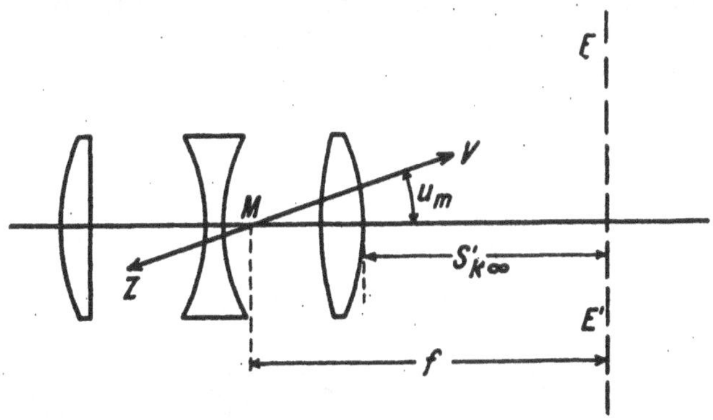

Abb. 24

Als Hauptstrahlen wählen wir diejenigen aus, die durch die Blendenmitte M gehen. In erster Annäherung ist die Blendenmitte der Punkt, der in einer Entfernung gleich der paraxialen hinteren Brennweite f' von der Ebene $E'E'$ auf der optischen Achse liegt. Wir denken uns durch M einen Strahl, der den Winkel u_M mit der optischen Achse bildet und rechnen ihn in der Richtung z, also rückwärts, trigonometrisch durch bis zu seinem Austritt aus der ersten Fläche des Systems, denn nur so können wir die Koordinaten eines gegen die optische Achse geneigten Strahles ermitteln, der tatsächlich durch M geht. Der Austrittswinkel u_0 ist verschieden von u_M. Er ist der tatsächliche Bildwinkel des Hauptstrahles, also auch des Objektivs. Um uns zu vergewissern, daß M auch praktisch der richtige Blendenort ist, müssen wir den

Strahl S auch in der Richtung V bis zu seinem Austritt aus der letzten Fläche trigonometrisch durchrechnen und so seinen Austrittswinkel u_k ermitteln.

Ob M der richtige Blendenort ist, kann man nun nach Ermittlung von u_k z. B. durch Ausrechnung der Verzeichnung feststellen, ohne aber deshalb dies allein als Maßstab zu verwenden. Die astigmatische Differenz ist ein ebenso wichtiger Faktor, und man wird nicht, um die Verzeichnung zu verringern, eine Blendenlage wählen, bei der der Astigmatismus erheblich vergrößert wird. Die astigmatische Differenz muß für mindestens drei, am besten vier Strahlen ausgerechnet werden, ebenso die Verzeichnung, und dann kann man sich überlegen, ob eine Verschiebung der Blende notwendig ist. Jedes System hat hier seine Eigenheiten, die man durch Erfahrung ermitteln kann. Vollkommener Durchgang aller Strahlen durch die Blendenmitte ist nicht erforderlich. Kleine Abweichungen sind zulässig.

Für Verzeichnungsfreiheit ist eine Bedingung für u_0 und u_k erforderlich, die später abgeleitet werden wird. Ist f_0 die parachsiale Brennweite des Systems, H die Durchstoßhöhe des Strahls der Eintrittsneigung u_0, so ist die Verzeichnung

$$\mathfrak{V} = \frac{H}{f_0 \cdot \operatorname{tg} u_0} - 1$$

Rechenschema

Sagittale Schnittweiten

$$\frac{n_1}{\mathfrak{s}_1} \qquad \frac{n_2 \cos i'_1 - n_1 \cos i_1}{r_1} \qquad \frac{n_2}{\frac{n_1}{\mathfrak{s}_1} + \frac{n_2 \cos i'_1 + n_1 \cos i_1}{r_1}} = \mathfrak{s}'_1$$

Meridionale Schnittweiten

$$\frac{n_1 \cos^2 i_1}{t_1} \qquad \frac{n_2 \cos i'_1 - n_1 \cos i_1}{r_1} \qquad \frac{n_2 \cos^2 i'_1}{\frac{n_1 \cos^2 i_1}{t_1} + \frac{n_2 \cos i_1' - n_1 \cos i_1}{r_1}} = t'_1$$

$$\mathfrak{s}_2 = \mathfrak{s}'_1 - d'_1$$

u. s. w.

d_1' ist die sog. „schiefe Dicke", d. h. der Weg, den der Strahl zwischen zwei Flächen zurücklegt. Er kann nach zwei Formeln berechnet werden:

a) Höhendifferenz-Formel. Sind $h_m = r_m \cdot \sin \varphi_m$ $h_{m+1} = r_{m+1} \cdot \sin \varphi_{m+1}$, u_{m+1}, der Neigungswinkel des Strahles gegen die Achse auf dem

Wege zwischen h_m und h_{m+1}, so ist

$$d'_{m,\,m+1} = \frac{h_{m+1} - h_m}{\sin u_{m+1}}$$

d' ist stets als positiv zu betrachten.

b) Bei trigonometrischer Durchrechnung nach dem System der Strahlnormalen (S. 22) ist

$$d'_{1,2} = M_{12} \cos u_2 + r_1 \cos i'_1 - r_2 \cos i_2$$

M_{12} ist der Mittelpunktsabstand der Flächen 1 und 2.

Bei einer Planfläche ($r_1 = \infty$ oder $r_2 = \infty$) ist es einfacher, die Höhenformel zu benutzen. Die Höhe an der Planfläche ist

$$h = \frac{r \cdot \sin i'}{\cos u} - PM \cdot tg\, u$$

$r \cdot \sin i'$ ist N', ein Wert, der in der Durchrechnung durch die Kugelfläche bereits gegeben ist (Abb. 25).

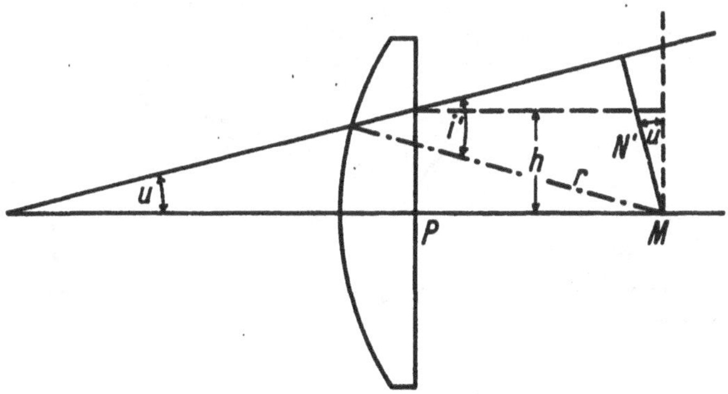

Abb. 25

Im Nachfolgenden ist das Rechenschema für den Astigmatismus an Hand eines Zahlenbeispiels dargestellt. Die trigonometrische Durchrechnung des Hauptstrahles, die die Grundlage der Berechnung des Astigmatismus bildet, ist nach der Methode des Verfassers durchgeführt, da sie den Ausdruck $\frac{n' \cos i' - n \cos i}{r}$ sofort als Logarithmus liefert. Es besteht nämlich die interessante Beziehung

$$\frac{n' \cos i' - n \cos i}{r} = \frac{\sin (i - i')}{N'} n$$

Wir brauchen also nur den Sinus des Ablenkungswinkels $(i - i')$ mit der reziproken Normalen auf den gebrochenen Strahl und n zu multiplizieren und erhalten sofort die linke Seite der obigen Gleichung, bzw. was wir brauchen, den Logarithmus dieses Wertes.

Über das Vorzeichen kann man sich nie im unklaren sein, es ist das gleiche wie für den Ausdruck $\frac{n'-n}{r}$ der paraxialen Durchrechnung.

Genau wie wir aus der paraxialen Rechnung die Brennweite f'_s des Paraxialraumes nach der Formel $f'_s = \frac{s'_1 \cdot s'_2 \cdot s'_3 \cdots\cdots s'_k}{s_2 \cdot s_3 \cdots\cdots s_k}$ berechnen, erhalten wir für die sagittalen und meridionalen Büschel die Brennweiten

$$f'_{\int} = \frac{\int_1' \cdot \int_2' \cdot \int_3' \cdots\cdots\cdots\cdots \int_k'}{\int_2 \cdot \int_3 \cdots\cdots\cdots\cdots\cdots\cdots \int_k}$$

und

$$f'_t = \frac{t'_1 \cdot t'_2 \cdot t'_3 \cdots\cdots\cdots t'_k}{t_2 \cdot t_3 \cdots\cdots\cdots t_k} \cdot \frac{\cos i_1}{\cos i'_1} \cdot \frac{\cos i_2}{\cos i'_2} \cdots\cdots$$
$$\cdots\cdots \frac{\cos i_3}{\cos i'_3} \cdot \frac{\cos i_k}{\cos i'_k}$$

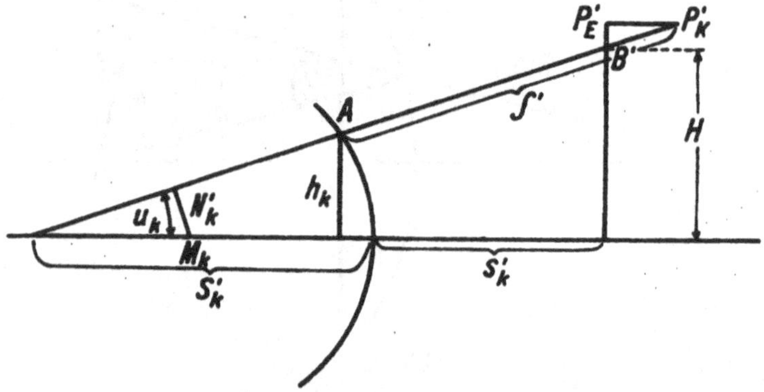

Abb. 26

Am Schlusse der Rechnung müssen wir den Abstand des sagittalen oder meridionalen Bildpunktes P'_k von der Gaußschen Ebene ermitteln. (Abb. 26). Diese Abstände $P'_kP'_E$ sind die astigmatischen Differenzen $\Delta \int'_k$ und $\Delta t'_k$, die uns ein Maß für den Korrektionszustand geben. Tragen wir als Ordinaten die Einfallswinkel der Hauptstrahlen ein (Abb. 27), als Abcissen die Werte $\Delta \int'_k$ und $\Delta t'_k$, so erhalten wir die beiden Kurven, welche die sagittale (————) und die meridionale - - - - - - - - Bildschale bzw. ihren Querschnitt mit der Papierebene darstellen. (Solche Kurven für einfache Linsen und für Objektive finden sich in zahlreichen Beispielen in Naumann: „Das Auge meiner Kamera“, Verlag Wilhelm Knapp, Halle).

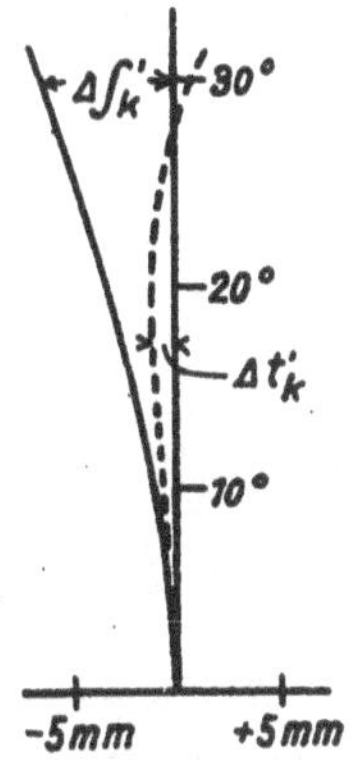

Abb. 27

$\Delta f'r$ und $\Delta t'_k$ ergeben sich aus folgender Formel (Abb. 26).

Ist S'_k die letzte auf der optischen Achse liegende Schnittweite des Hauptstrahles, also

$$S'_k = r - \frac{N'_k}{\sin u_k}$$

ferner s'_k die paraxiale Schnittweite des Systems, so ist

$$(|S'_k| + s'_k) \operatorname{tg} u_k = H$$

Wir berechnen noch

$$h_k = r_k \cdot \sin \varphi_k \qquad \varphi_k = i_k - u_k$$

und erhalten die Strecke AB zwischen letztem Austrittspunkt A und dem Durchstoßpunkt B der Gaußschen Ebene, die wir als Einstellebene betrachten.

$$AB = (H - h_k) / \sin u_k$$

$(f_k' - AB) \cos u_k$ ist alsdann die sagittale Aberration. Analog findet man die meridionale als

$$(t'_k - AB) \cos u_k$$

SONDERFÄLLE DES ASTIGMATISMUS

Astigmatismus eines Prismas

Wir setzen ein homozentrisches Büschel voraus, also $\mathfrak{f}_1 = t_1 = s_1$. Die von F. LÖWE angegebene Formel lautet

$$t'_2 - \mathfrak{f}'_2 = s_1 \left(\frac{\cos^2 i'_1 \cos^2 i'_2}{\cos^2 i_1 \cos^2 i_2} - 1 \right) - \frac{D'}{n} \left(\frac{\cos^2 i_1}{\cos^2 i'_1} - 1 \right)$$

D' ist der Weg des Strahles im Prisma (Abb. 28).

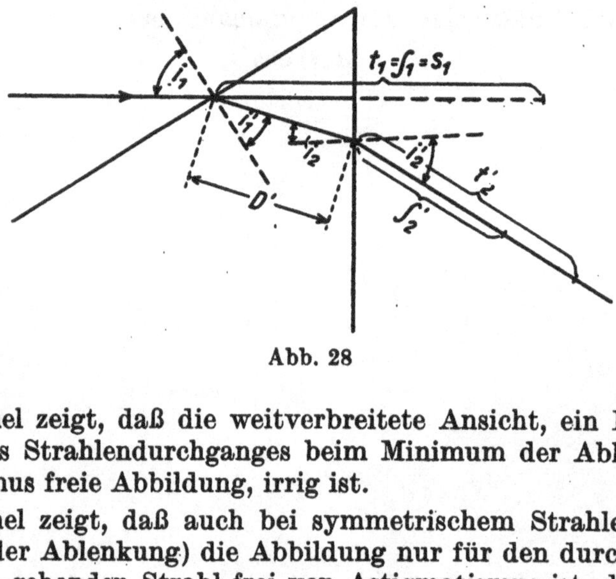

Abb. 28

Die Formel zeigt, daß die weitverbreitete Ansicht, ein Prisma gäbe im Falle des Strahlendurchganges beim Minimum der Ablenkung von Astigmatismus freie Abbildung, irrig ist.

Die Formel zeigt, daß auch bei symmetrischem Strahlendurchgang (Minimum der Ablenkung) die Abbildung nur für den durch die Kante des Prismas gehenden Strahl frei von Astigmatismus ist, denn nur das erste Glied obiger Gleichung ist dann wegen $i'_2 = i_1$, $i_2 = i'_1$ Null. Es bleibt das Glied

$$-\frac{D'}{n} \left(\frac{\cos^2 i_1}{\cos^2 i'_1} - 1 \right)$$

das übrigens positiv wird, weil $\cos i'_1 > \cos i_1$. Dieses Glied ist die von einer Planplatte der Dicke D erzeugte astigmatische Differenz, wenn der Strahl unter dem Winkel i_1 einfällt. D' ist dann $= \frac{D}{\cos i'}$. Der Grund für diese Erscheinung ist leicht einzusehen (Abb. 29). Das homozentrische Büschel trete bei P ins Prisma ein, bei P' aus. Durch

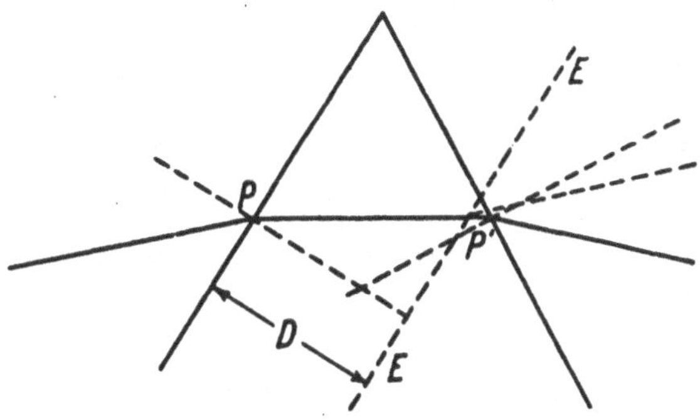

Abb. 29

eine zum Papier senkrechte Ebene schneiden wir dicht am Austrittspunkt P' eine planparallele Platte der Dicke D ab. Das optische System zerfällt damit in eine Planplatte der Dicke D und ein von ihm durch eine zu vernachlässigende Luftschicht getrenntes, winziges Prismenelement, innerhalb dessen der Glasweg des Strahles ebenfalls vernachlässigt werden kann. Der Strahl geht wieder unter dem Minimum der Ablenkung durch das Prismenelement, erleidet also hier keinen Astigmatismus, während die Planplatte Astigmatismus erzeugt, der übrigens von der Schnittweite des homozentrischen Büschels unabhängig ist, ebenso wie die Bildverschiebung durch eine Planplatte vom Abstand des Bildes von der Planplatte auch unabhängig ist.

Die allgemeine Formel für die Durchrechnung durch Planplatten ($\varphi = 0$) und Prismen ($\varphi \neq 0$) ist

$$\int'_1 = \frac{n'}{n}\int_1 \quad \int_2 = \int'_1 - D' \quad \int'_2 = \frac{n}{n'}\int_2 = \int_1 - D'\frac{n}{n'}$$

$$t'_1 = \frac{n' \cos^2 i'_1}{n \cos^2 i_1} t_1 \quad t_2 = t_1' - D' \; ; \quad i_2 = \varphi - i'_1$$

$$t'_2 = \frac{n \cos^2 i'_2}{n' \cos^2 i_2} t_2 = \frac{\cos^2 i'_1 \cdot \cos^2 i'_2}{\cos^2 i_1 \cos^2 i_2} t_1 - D' \frac{n \cos^2 i_2}{n' \cos^2 i'_2} .$$

1. Vereinfachte Formeln für die Berechnung des Astigmatismus sehr dünner Linsen

Czapski-Eppenstein geben für dünne Linsen, wenn der Hauptstrahl durch den gemeinsamen Scheitel geht, die folgenden Formeln für die meridionale und sagittale Schnittweite an:

$$\frac{1}{t'_2} - \frac{1}{t_1} = \frac{n' \cos j' - n \cos j}{n \cos^2 j}\left(\frac{1}{r_1} - \frac{1}{r_2}\right) \tag{1}$$

$$\frac{1}{\mathfrak{f}'_2} - \frac{1}{\mathfrak{f}_1} = \frac{n' \cos j' - n \cos j}{n}\left(\frac{1}{r_1} - \frac{1}{r_2}\right) \tag{2}$$

j ist die Neigung des Hauptstrahles gegen die Achse, j' die des gebrochenen Hauptstrahles.

Es ist

$$n' \cos j' - n \cos j = \frac{n \sin (j - j')}{\sin j'} \tag{3}$$

$$\frac{\sin (j - j')}{\cos j'} = \sin j \left(1 - \frac{n}{n'}\frac{\cos j}{\cos j'}\right) \tag{4}$$

Nun ist, wovon man sich durch Rechnung leicht überzeugen kann, $\cos j \left(1 - \frac{n \cos j}{n' \cos j'}\right)$ praktisch eine Konstante, und zwar $= \frac{n' - n}{n'}$. Im Intervall $j = 0^0$ bis $j = 30^0$ und $n = 1.55$, ist der Wert der obigen Funktion für $j = 0^0$ und $j = 30^0 = 0.3548$ und weicht zwischen 0^0 und 30^0 im Maximum um $+ 0{,}0008$ (0.3556) von diesem Werte ab.

Wir dividieren in Gl. (4) auf beiden Seiten mit $\sin j = \frac{n'}{n} \sin j'$, multiplizieren auf beiden Seiten mit $\cos j$ und erhalten

$$\frac{n \sin (j - j') \cos j}{n' \sin j' \cos j'} = \cos j \left(1 - \frac{n}{n'}\frac{\cos j}{\cos j'}\right) = \frac{n' - n}{n'}$$

und daraus (mit Gl. 3)

$$\frac{n \sin (j - j')}{\sin j'} = (n' - n)\frac{\cos j'}{\cos j} = n' \cos j' - n \cos j$$

Setzen wir diesen Wert in die Gl. (1) und (2) ein, so erkennen wir sofort, daß $(n' - n)\left(\frac{1}{r_1} - \frac{1}{r_2}\right)$ in diesem Falle nichts anderes ist als die paraxiale Brechkraft der Linse, d. h. die reziproke Brennweite, und die Formeln nehmen die sehr einfache Gestalt an:

$$\frac{1}{t'_2} - \frac{1}{t_1} = \frac{1}{f_0}\frac{\cos j'}{\cos j^3}\,;\ \frac{1}{\mathfrak{f}'_2} - \frac{1}{\mathfrak{f}_1} = \frac{1}{f_0}\frac{\cos j'}{\cos j}$$

Der Fehler dieser Annäherung beträgt bei $j = 30^0$ $n = 1.5 + 0.7\%$, bei 1.65—0.4%, in der Umgebung von $n = 1.6$ ist er praktisch Null.

Für $s_1 = t_1 = \infty$ erhalten wir

$$t'_2 = f_0 \frac{\cos j^3}{\cos j'} = f'_{t'} \; ; \; s_2' = f_0 \frac{\cos j}{\cos j'} = f'_s$$

2. *Astigmatismus des Kugelspiegels*

Für die Berechnung von s' und t' bei gegebenem s und t bei einem Kugelspiegel vom Radius r gelten die Formeln:

$$s' = \frac{s \cdot r}{2\, s \cos i - r} \qquad t' = \frac{t \cdot r \cdot \cos i}{2t - r \cos i}$$

Beim Hohlspiegel ist r negativ.

Berechnung des Astigmatismus bei nichtsphärischen Flächen

In diesem Falle sind die in die Rechnung einzusetzenden Krümmungsradien für den sagittalen und meridionalen Hauptstrahl *verschieden*. Wir können also nicht mehr mit r rechnen, sondern haben für die sagittale Rechnung den Krümmungsradius r_s für den meridionalen r_t.

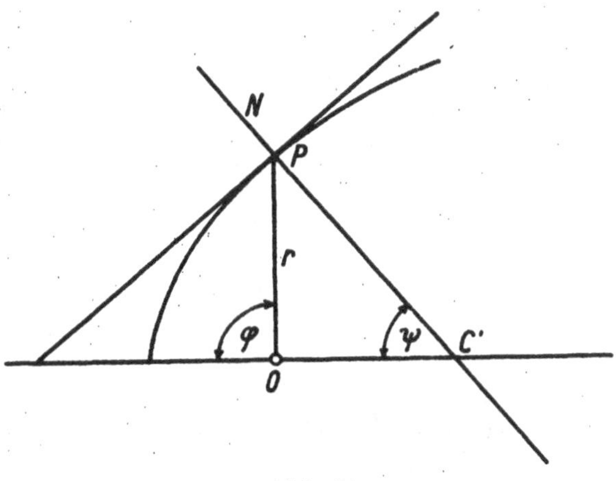

Abb. 30

Ist die Gleichung der Kurve in Polarkoordinaten gegeben, also

$$r = f(\varphi),$$

wobei r der Radius*vektor* (!) ist, der an sich keinerlei optische Bedeutung hat, so ist

$$r_s = PC = \frac{r \cdot \sin \varphi}{\sin \psi} \; ; \; \operatorname{tg}(\psi - \varphi) = - \frac{\frac{dr}{d\varphi}}{r}$$

PC liegt auf der Normalen der Kurve im Punkt P und ist die Strecke, die von dem Einfallspunkt P und dem Schnittpunkt C der Normalen mit der Achse begrenzt wird. Liegt die Gleichung der Kurve auch in kartesischen Koordinaten vor, also $y = f(x)$, so ist

$$\operatorname{tg} \psi = -\frac{dx}{dy}$$

Der Krümmungsradius r_t für den meridionalen Strahl ist nichts anderes als der tatsächliche Krümmungsradius der Kurve im Punkte P_1, ist also nach der bekannten Formel zu berechnen

$$r_t = \frac{\left(r^2 + \left(\frac{dr}{d\varphi}\right)^2\right)^{\frac{3}{2}}}{r^2 + 2\left(\frac{dr}{d\varphi}\right)^2 - r\,\frac{d^2 r}{d\varphi^2}}$$

Die Durchrechnung erfolgt dann nach den gleichen Formeln wie früher mit r_s bzw. r_t, statt r also

$$n' / s' = n / s + (n' \cos i' - n \cos i) / r_s$$

$$n' \cos^2 i' / t' = n \cos^2 i / t + (n' \cos i' - n \cos i) / r_t$$

Rechenschema und Beispiel für die Durchrechnung des Astigmatismus

Daten: $r_1 + 39.5$, d_1 5.25, $r_2 \infty$ a_1 9.0, r_3 47.5 —
(59660) (67669)

$h = -8.4778$, $u_0 \frac{20^0\, 8'\, 11''}{+}$, $n_0 = n_2 = 1$, $\log n_1 = (21026)$

$\log n_3 = (20290)$

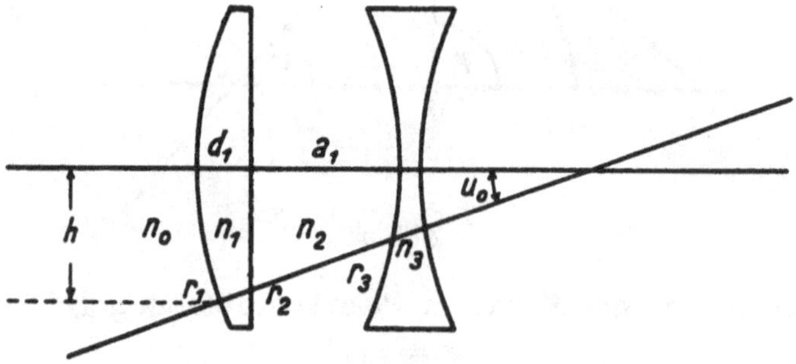

Abb. 31

(Rechenschema und Beispiel s. Anhang S. 135)

DAS RECHNEN MIT HAUPTEBENEN

Man kann die Lage der dingseitigen Hauptebene H und der bildseitigen, H' (Abb. 32), entweder durch Ausrechnen der paraxialen Brennweiten f und f' bestimmen, indem man einmal den Bildpunkt in unendlicher Entfernung *rechts* von der Linse annimmt (Ergebnis: f und s'_{2R} und daraus $a = f - s'_{2L}$). Man kann auch a und a' aus den Formeln

$$a = S_H = -\frac{r_1 d}{n(r_2 - r_1) + (n-1) d} \qquad a' = S_{H'} = a \cdot \frac{r_2}{r_1}$$

ermitteln.

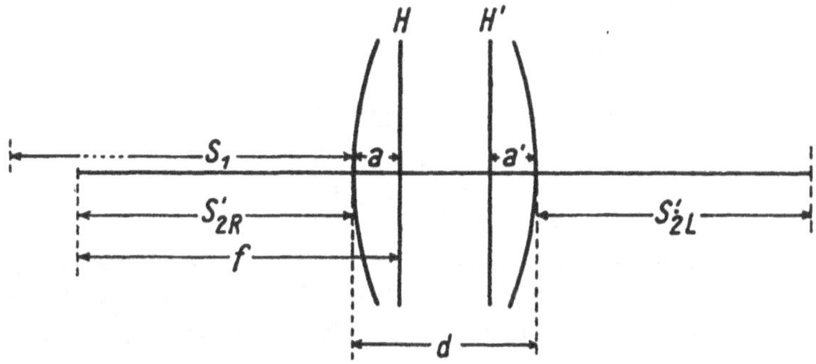

Abb. 32

Nun rechnen wir nach der Formel

$$s' = \frac{s \cdot f}{s + f}$$

$$s = s_1 + a \qquad s'_2 = s' + a'$$

Der Abstand zwischen H und H' ist bei dieser Berechnung optisch Null, nach einem treffenden Ausdruck von HATSCHEK „optisches Niemandsland".

Beispiel $r_1 = +100 \quad r_2 = -400 \quad d = 20 \quad n = 1{,}5 \quad s_1 = -450.00$

Dies ergibt $\quad a = +2.707 \quad a' = -10.812 \quad f = f' = 162.67.$

Paraxiale Durchrechnung

	Logarithmen					
	0.	9.69897	0.17609	··50000 +	s'_1	540.014
$-s_1$	2.65321	2.	1.44369	··22222 —	d	20.
	7.34679	7.69897	2.73240	··27778 +	s_2	520.014
	(—)	(+)				
	0.17609	9.69897	0.	··288453+	s'_2	241.861 +
$+s_2$	2.71601	2.60206	7.61643	··125 +		
	7.46008	7.09691	2.38357	··413453+		

Rechnung mit Hauptebenen

$$s_1 + a = s = -450.00 + 2.707 = -452.707$$

$$s' = \frac{-452.707 \cdot 162.167}{162.167 - 452.707} = + \frac{452.707 \cdot 162.167}{452.707 - 162.167}$$

$\log s$	2.65581
$\log f$	2.20996
$\log s \cdot f$	4.86577
$\log (s - f)$	2.46321
$\log s'$	2.40256

s'	252.672
$-a'$	10 812
$= s'_2 =$	241.860

Da die Hauptebenen durchaus nicht immer in der Linse selbst liegen, ja (bei Bikonvexlinsen größerer Dicke) ihre gegenseitige Lage vertauschen können, so ist besonders auf das Vorzeichen der Werte a und a' zu achten.

(Berechnung des Flächenkoeffizienten nach Berek siehe Anhang.)

Verzeichnung

In der Optik verstehen wir unter einer verzeichnungsfreien Abbildung die Abbildung aller Punkte einer Ebene E mittels gerader Strahlen auf eine zweite zu ihr parallele E', wobei alle diese Strahlen durch einen Punkt P einer gemeinsamen Senkrechten beider Ebenen gehen (Abb. 33). Dem Abstand PO' kommt, wenn E unendlich weit entfernt ist, eine besondere Bedeutung zu, denn die lineare Größe (z. B. in mm) aller Bildgrößen y' ist $y' = PO' \cdot \text{tg}\, w' = \text{const.} \cdot \text{tg}\, w'$ Wir können PO' als die „Brennweite" bezeichnen.

Ideal verwirklicht wird dieser Fall bei der Lochkamera. Wenn wir bedenken, daß der Konstrukteur eines Objektivs zur Berechnung der Verzeichnung sich der sog. Hauptstrahlen bedient, also solcher Strahlen,

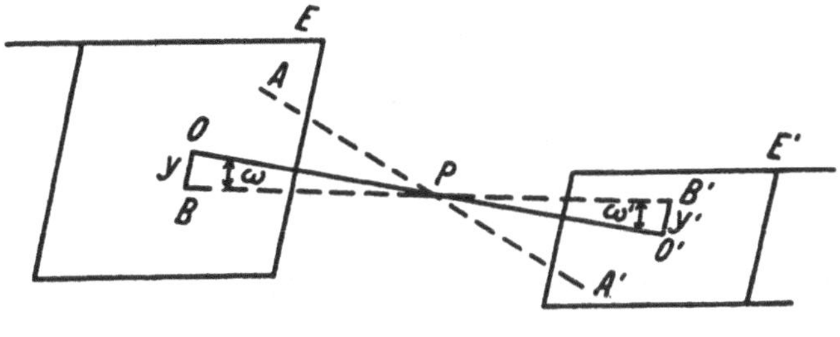

Abb. 33

die unter verschiedenen Neigungen durch den Mittelpunkt der Blende gehen, so haben wir es im Prinzip wieder mit einer Lochkamera zu tun, nur ist das Loch (hier der Mittelpunkt der Blende) in der Nachbarschaft eines Linsensystems angeordnet, meist von zwei Linsen oder Linsensystemen eingeschlossen. Wir haben dies in Abb. 34 schematisch angedeutet.

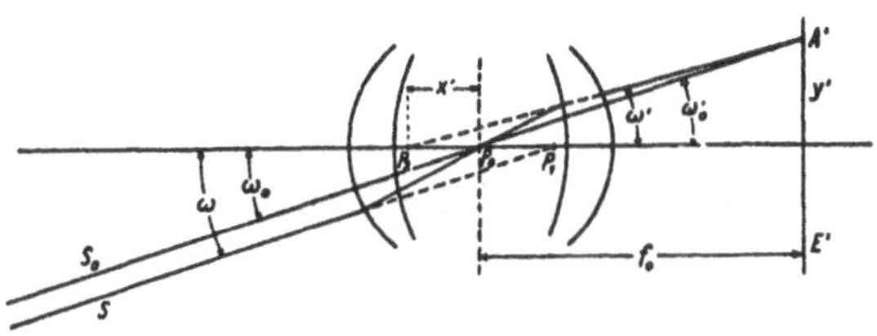

Abb. 34

Damit der abbildende Hauptstrahl S durch die Blendenmitte P_0 geht, müssen wir ihn parallel zu sich selbst verschieben, denn er wird am vorderen Linsensystem gebrochen. Während der Lochkamera-Strahl S_0 nach P_0 zielt, geht S durch den Punkt P_1 der Achse und wird vom vorderen Linsensystem in P_0 „abgebildet“. Soll dieser Strahl S das Objekt, das unter dem Winkel w_0 erscheint, verzeichnungsfrei abbilden, so muß nach Austritt aus dem Objektiv S durch den gleichen Punkt A' der Abbildungsebene E' gehen, der vom Lochkamerastrahl S_0 durchstoßen wird, denn diese Abbildung haben wir als verzeichnungsfrei bezeichnet. Wir erkennen nun, daß bei der Abbildung durch ein Linsensystem mit definiertem Blendenort die Lochkamerabeziehung $\operatorname{tg} w_0' = \operatorname{tg} w_0$ nicht mehr die Bedingung für verzeichnungsfreie Abbildung ist. Tg w' ist wegen dieser Abbildungen der Blendenmitte durch das

System nicht mehr gleich tg w_0. Eine neue Bedingung ist für $\frac{\operatorname{tg} w'}{\operatorname{tg} w}$ bzw. in der Schreibweise der Durchrechnung $\frac{\operatorname{tg} u_k}{\operatorname{tg} u_0}$ zu erfüllen:

$$\frac{\operatorname{tg} w'}{\operatorname{tg} w} = \frac{\operatorname{tg} u_k}{\operatorname{tg} u_0} = \frac{f_0}{f_0 + x'}$$

Bleibt dies Verhältnis für alle Werte w', w konstant, so ist die AIRYsche Tangentenbedingung für die Verzeichnungsfreiheit

$$\frac{\operatorname{tg} w'}{\operatorname{tg} w} = \Gamma_0$$

erfüllt. Es muß also im obigen Falle zu der AIRYschen Tangensbedingung noch die Bedingung $x' = \text{const}$ erfüllt werden. Auf den Punkt P_1 mit der Koordinate x erweitert, bedeutet sie die Forderung aberrationsfreier Abbildung der Blendenmitte durch die beiden Systemhälften (BOW und SUTTON). Wir haben hier den besonderen Fall eines unendlich fernen Objektpunktes behandelt, aber die entsprechenden Bedingungen für endlich entfernte Objektpunkte lassen sich leicht aus den vorigen Betrachtungen ableiten. Wir werden sie am Schlusse der nun folgenden Untersuchungen erörtern, welche sich auf endliche Gegenstand- und Bildentfernungen beziehen.

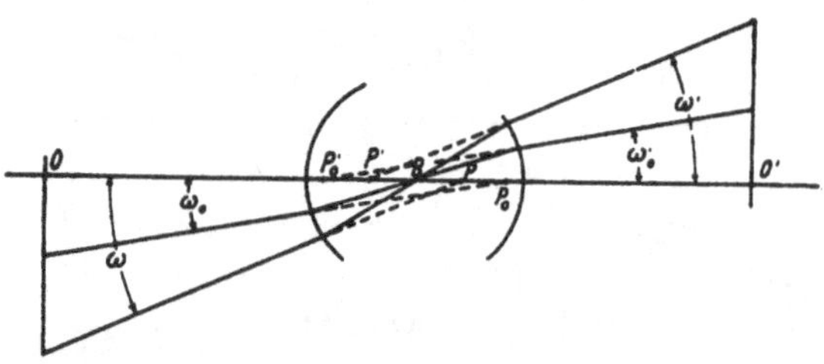

Abb. 34a

Wie wir aus Abb. 33 ersehen, besteht die optische Abbildung eines als eben anzusehenden Gegenstandes, also z. B. einer auf einer Ebene befindlichen Zeichnung, prinzipiell darin, daß eine verkleinerte oder vergrößerte Wiedergabe dieser Zeichnung mit Hilfe des optischen Systems wiederum auf einer Ebene erzeugt wird, die man die Bildebene nennt. Ist der Maßstab der Verkleinerung oder Vergrößerung für alle Punkte der Ebene der gleiche, so spricht man von einer verzeichnungsfreien Abbildung (Abb. 35a). Ändert sich der Verkleinerungs- oder Vergrößerungsmaßstab von der Mitte des Bildes nach dem Rande hin, so liegt Verzeichnung vor. Nimmt der Abbildungsmaßstab nach dem Rande zu ab, wird also der Abstand zweier Punkte, der auf der Gegenstandsfläche in der Mitte und am Rande gleich ist, auf dem Bilde nach dem Rande zu kleiner, so spricht man von tonnenförmiger Verzeichnung (Abb. 35b). Sie ist sofort daran zu erkennen, daß bei der Abbildung eines Rechtecks die Seiten nicht mehr gerade, sondern nach außen gewölbt sind. Ist das Umgekehrte der Fall, so spricht man von kissenförmiger Verzeichnung. Die Seiten des Rechtecks sind nach innen gewölbt (siehe Abb. 35c).

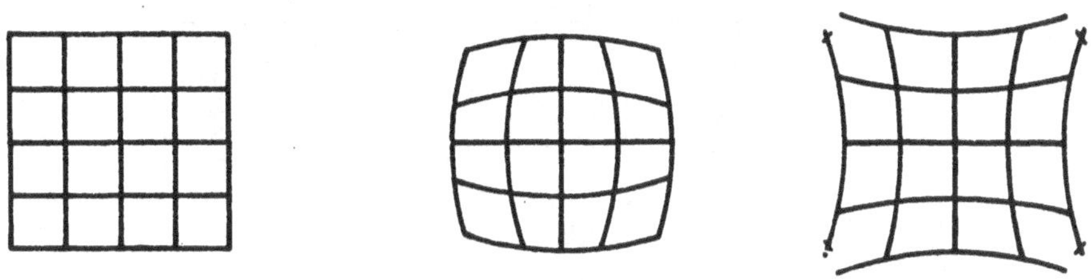

a) b) c)

Abb. 35

In Abb. 36 bedeutet *EP* die Eintrittspupille, *AP* die Austrittspupille eines optischen Systems, die zueinander konjugiert sind. (Die *AP* ist die durch das optische System erzeugte Abbildung der *EP*). Der Strahl O_1P durch die Mitte P der Eintrittspupille *EP* geht auf der Bildseite durch die Mitte P' der Austrittspupille *AP*, er wird als *Hauptstrahl* bezeichnet.

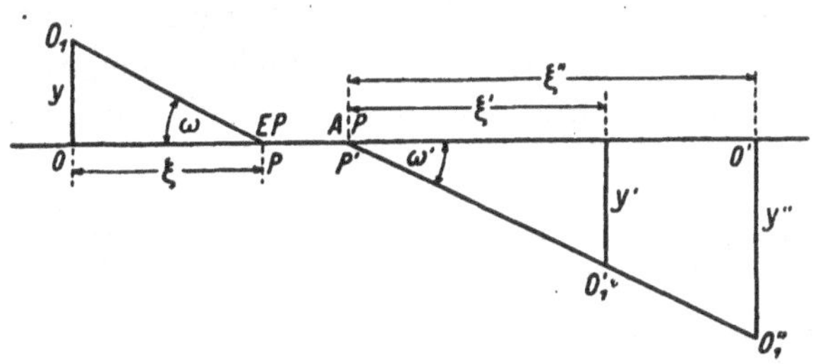

Abb. 36

Mit den Bezeichnungen der Abb. 36 gilt

$$y = -\xi \operatorname{tg} w \quad y' = -\xi' \operatorname{tg} w'$$
$$y'' = -\xi'' \operatorname{tg} w'$$

Bezeichnet man die Vergrößerung in einer beliebigen Auffangebene mit B, dann ist

$$B = \left(\frac{y'}{y}\right) = \frac{\xi' \operatorname{tg} w'}{\xi \operatorname{tg} w'}$$

Diese sehr allgemeine Gleichung gilt auch dann, wenn der Dingpunkt O_1 überhaupt nicht mehr abgebildet wird, und wenn für endliche

Winkel w und w' die Eintritts- und Austrittspupille nicht mehr als Bilder der *Öffnungs*blende in den Ding- bzw. Bildraum angesehen werden können wie z. B. beim telezentrischen Strahlengang (siehe Abb. 37 u. 38).

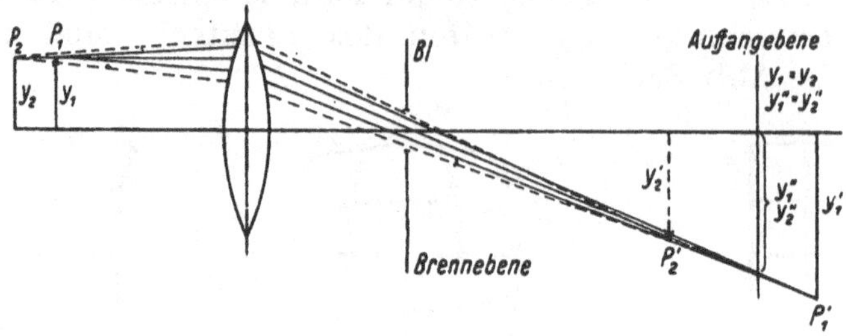

Abb. 37

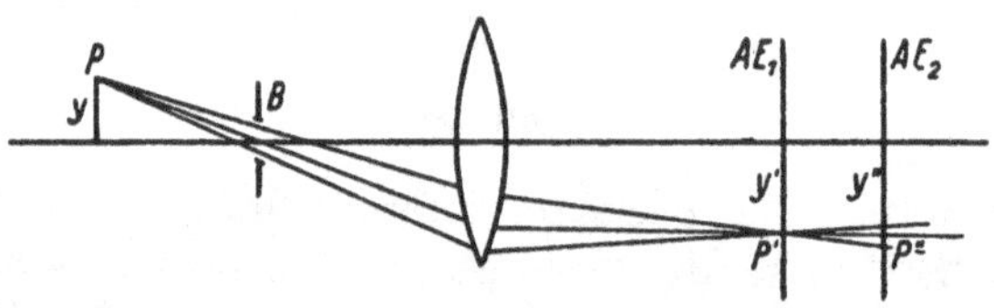

Abb. 38

Ein durch die Mitte der Öffnungsblende gehender Strahl schneidet unter allen Umständen dingseitig wie bildseitig die Achse in Punkten P und P', die von w abhängen. ξ und ξ' können ∞ werden, und zwar

a) wenn Gegenstand oder Bild (bzw. Auffangebene) ins Unendliche rücken. Dann tritt an Stelle von y und y' eine Winkelgröße w bzw. w', und es vertreten

$$\Phi = -\xi' \frac{\operatorname{tg} w}{\operatorname{tg} w} = \frac{y}{\operatorname{tg} w} \quad \text{bzw} \quad \Phi = -\xi \frac{\operatorname{tg} w}{\operatorname{tg} w} = \frac{y}{\operatorname{tg} w}$$

bei der Gaussschen Abbildung die Brennweite.

b) wenn die EP oder AP ins Unendliche rücken. Liegt etwa auf der Bildseite die Blende in der Brennebene, so werden die Hauptstrahlen auf der Dingseite parallel zur Achse, die EP liegt im Unendlichen. Es ist $\xi = \infty$, doch bleibt die Größe $y' = -\xi' \operatorname{tg} w'$ endlich, ist aber vom Ort der Auffangebene abhängig. Der Strahlengang heißt *dingseitig telezentrisch* (s. Abb. 37); bei ihm ist die Größe der optischen Projektion von der Gegenstandsweite unabhängig und nur vom Ort der Auffangebene bestimmt. Eine Änderung der Gegenstandsweite ändert nur die Deutlichkeit, nicht die Größe des Bildes.

Hierauf gründet sich die Konstruktion eines Meßmikroskops, bei welchem man auf einer feststehenden Skala die Größe verschieden weit entfernter Objekte im gleichen Maßstabe messen kann.

Analog gibt es den *bildseitig telezentrischen Strahlengang.* Die Blende B (Abb. 38) liegt in der vorderen Brennebene. Die Abbildung eines Objektes P, y in *fester Entfernung* erscheint auf einer verschiebbaren Auffangebene (AE_1, AE_2) gleich groß, ($P'y'$, $P''y''$), aber nicht gleich scharf.

Mit dieser Anordnung kann man umgekehrt Gegenstandsentfernungen aus der Messung der Bildgröße bestimmen (Tachymetrie) und die Auffangebene zwecks Scharfeinstellung beliebig verschieben, ohne die Bildgröße relativ zur Skala ändern, also ohne den Skalenwert für verschiedene Auffangebenen ändern zu müssen, was bei normaler Blendenstellung (Objektivrand = Blende) der Fall wäre. Denn dann würden zwei verschieden entfernte gleichgroße Objekte umgekehrt proportional zu ihrer Entfernung auf der AE abgebildet werden, der Abstand des Bildes vom Objektiv (Schnittweite) wäre in diesem Falle von Einfluß auf die Bildgröße im Gegensatz zu obiger Anordnung. Die untenstehende Abb. 39 zeigt dies:

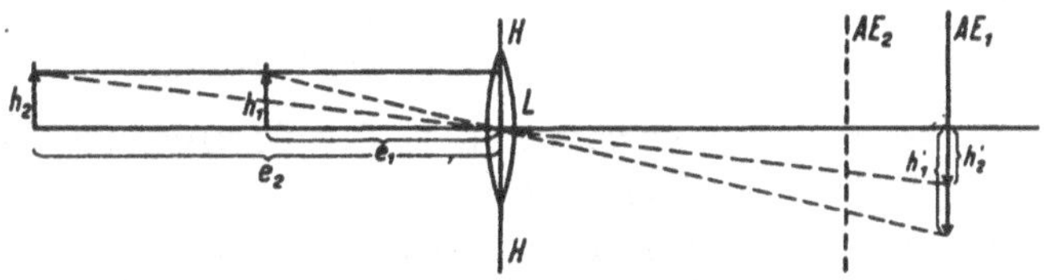

Abb. 39

In Abb. 39 ist $h_1 = h_2$, $e_2 = 2e_1$. h'_2 wäre nur dann gleich $\frac{1}{2} h'_1$, also $h'_2/h'_1 = e_1/e_2$, wenn beider Bilder in AE_1 liegen würden. Da aber $e_2 > e_1$, liegt AE_2 *näher* bei L, also ist h'_2 kleiner als es dem Verhältnis e_1/e_2 entspricht.

Mit dieser Optik läßt sich also aus der Kenntnis der Objektgröße die Entfernung nicht messen. Oben (Abb. 38) ist aber y' streng proportional der reziproken Entfernung. Abbe hat darauf hingewiesen, daß man diese Anordnung treffen kann, ohne dem Fernrohr seine übliche Benutzungsweise (Strahlengang durch die Objektivmitte) zu nehmen. Man braucht nur dicht vor der AE eine Feldlinse anzuordnen, deren vorderer Brennpunkt im Objektiv liegt, dann wird dieses als Eintrittsblende selbst im Unendlichen (nach rechts!) abgebildet.

Anm.: Im Gegensatz zu den Definitionen der projektiven Geometrie und den Definitionen der sog. uneigentlichen Geraden, ist es optisch seltsamerweise etwas Verschiedenes, ob die Abbildung im Unendlichen nach der einen oder der entgegengesetzten Richtung erfolgt.

Wir kehren zurück zur Abb. 36.

Nähert sich O_1 der Achse, so nehmen w und w' ab. Dem Punkt O auf der optischen Achse entspricht sicherlich ein Gaussscher Bildpunkt

O' (ξ'_0). Durch ihn werde die Auffangebene gelegt. Man bezeichnet dann

$$B = \lim_{w \to 0} \frac{\xi'_0 \operatorname{tg} w'}{\xi \operatorname{tg} w} = \beta$$

als Vergrößerung der GAUSSschen Abbildung. Ist B unabhängig von w und w', also konstant, so ist $B = \beta$, die Abbildung eines ebenen Gegenstandes, diesem also ähnlich und somit verzeichnungsfrei. Die Abweichung hiervon nennt man die Verzeichnung. Man bezeichnet sie mit V_z und definiert sie als

$$V_z = \frac{B}{\beta} - 1$$

Liegt der Gegenstand im Unendlichen, dann wird die Verzeichnung analog definiert zu

$$V_z = \frac{\Phi}{f} - 1,$$

mit

$$\Phi = -\xi'_0 \frac{\operatorname{tg} w'}{\operatorname{tg} w}$$

Hierin ist $\xi'_0 \operatorname{tg} w' = f_0 \cdot \operatorname{tg} w$, wenn f_0 die Brennweite der Paraxialstrahlen bedeutet. $\xi'_0 \cdot \operatorname{tg} w'$ ist der Sollwert für y'.

In Abb. 34 sind Eintritts- und Austrittspupille für Strahlen aller Neigung die gleichen, sie sind also nicht mit Aberration behaftet.

In Abb. 34a sind Eintritts- und Austrittspupille als Abbildungen der Blendenmitte mit Aberration behaftet. Wir haben

$$P_0O = \xi_0 \quad P_0O' = \xi'_0, \quad PO = \xi = \xi_0 + \delta \quad P'O' = \xi' = \xi'_0 + \delta'$$

Die Bedingung der Verzeichnungsfreiheit lautet nun:

$$\frac{\xi'_0 + \delta'}{\xi_0 + \delta} = \frac{\operatorname{tg} w'}{\operatorname{tg} w} \cdot \text{const}$$

Nach BOW und SUTTON wird sie erfüllt, wenn man zur AIRYschen Tangentenbedingung die Bedingung aberrationsfreier Abbildung der E.P. und A.P. hinzufügt, also

$$\delta = \delta' = 0$$

Man kann sich leicht davon überzeugen, daß man in Abb. 39 eine der Lochkamera entsprechende, verzeichnungsfreie Abbildung auch mit nicht aberrationsfreier Abbildung der Blende wenigstens zeichnerisch konstruieren kann. Das Verhältnis $\frac{\operatorname{tg} w'}{\operatorname{tg} w}$ steht dann in einer funktionalen, recht verwickelten Beziehung zu den Aberrationen. Wir erkennen daraus, daß das Problem der verzeichnungsfreien Abbildung sehr komplizierte Formen annehmen kann.

BLENDEN UND SCHNEIDEN

Bedeutung der Blende bzw. Eintrittspupille

Die Darstellung des Strahlenganges bei Abbildung durch eine Linse erscheint in den Lehrbüchern als sehr verallgemeinerter Fall, während es sich umgekehrt um einen ganz speziellen Fall handelt, nämlich den, bei welchem der Linsenrand die zur Abbildung gebrachten Bündel begrenzt, also Eintrittspupille bzw. *Blende und Linsenrand zusammenfallen.*

Es wird dadurch der Irrtum erregt, die Perspektive hängt von der Stellung der *Linse* zu den Objekten ab und nicht von der Stellung der Abbildung der Blende. Unterstützt wird dieser Irrtum durch die als sehr natürlich empfundene Folgerung, daß der Linse nähere Gegenstände in der Einstellebene (*EE*) größer erscheinen müssen als fernere. Wenn nämlich die Blende die Perspektive entscheidet, gilt dies nicht mehr. Denn der Blende kann ich solche Lagen relativ zur Linse geben, daß sie z. B. im Unendlichen abgebildet wird. Dann müssen aber alle Gegenstände auf der *EE* gleich groß abgebildet werden, da jetzt das perspektivische Zentrum im Unendlichen liegt. (Siehe dingseitig telezentrischen Strahlengang.)

Gleichenscher natürlicher Blendenort (Beispiel für den Fall der plankonvexen Linse)

A. Linse

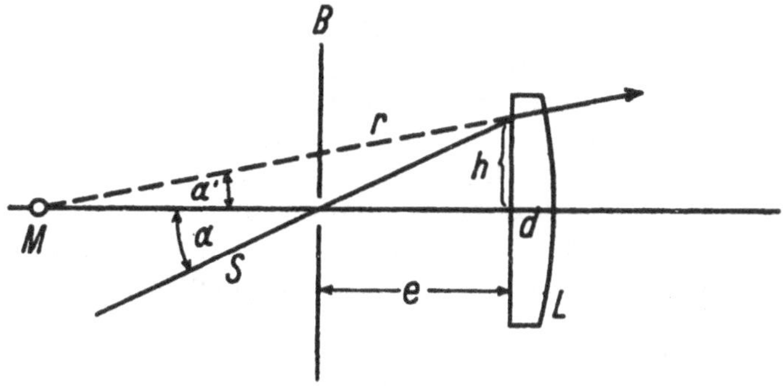

Abb. 40

Liegt die Blende in einem solchen Abstand e vor der Planfläche einer plankonvexen Linse L, daß der durch ihre Mitte gehende Hauptstrahl s nach seiner Brechung an der Planfläche ungebrochen aus der Kugelfläche austritt, so liegt die Blende am „natürlichen“ Blendenort. Wegen der sphärischen Aberration der Linse ist diese Bedingung nur für sehr kleine Winkel α erfüllbar. Es ist dann leicht zu sehen:

$$\frac{h}{r-d} = \operatorname{tg} \alpha' \approx \sin \alpha' = \frac{1}{n} \sin u \approx \frac{1}{n} \operatorname{tg} \alpha = \frac{1}{n} \cdot \frac{h}{e},$$

also
$$e = \frac{r-d}{n}$$

Die Abbildung ist praktisch fast völlig frei von Koma und Astigmatismus.

B. Sphärischer Spiegel

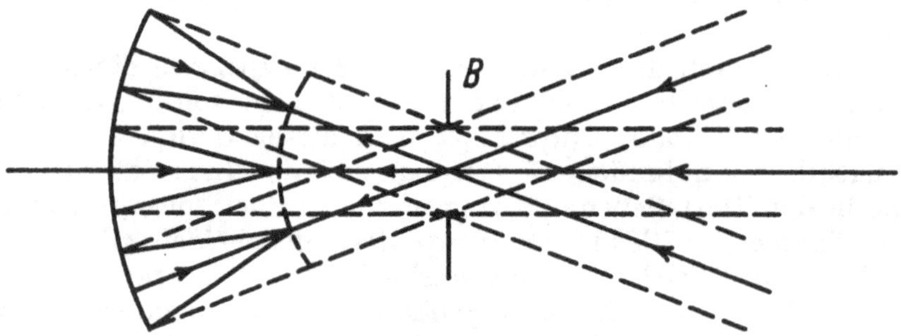

Abb. 41

Der GLEICHENsche Blendenort des sphärischen Hohlspiegels ist der Krümmungsmittelpunkt. Auf diese Weise läßt sich eine von Koma, Astigmatismus und Verzeichnung freie, mit nur geringer sphärischer Aberration behaftete, über beträchtliche Bildwinkel ausgedehnte Abbildung erzielen, die bei Anordnung einer die sphärische Aberration größerer Öffnungen behebende sog. SCHMIDTsche Korrektionsplatte im Krümmungsmittelpunkt, die Erreichung von Lichtstärken bis über 1 : 1 ermöglicht. (Projektionsoptik für Fernsehbilder). Solche Spiegeloptik kostet bei größerer Leistung kaum 20% der gleichen Linsenoptik und kann in Durchmessern hergestellt werden, die bei Linsenoptik unausführbar sind, weil das Glas unerschwinglich wird. Das gewölbte Bildfeld stört bei diesen Schmidtspiegeln nicht, da man sich ihm anpassen kann. Ohne Korrektionsplatte sind keine chromatischen Aberrationen vorhanden, mit derselben sind sie völlig belanglos, nur die selektive Absorption ist zu beachten.

Die Schneiden

Die in den Lehrbüchern der Optik nicht als Gegenpole der Blenden behandelten Schneiden sind in gewissem Sinne als solche zu betrachten und spielen bei den Untersuchungsmethoden eine hervorragende Rolle.

Während die Blenden die Lichtbündel außerhalb der Bildebene begrenzen, sind die Schneiden Körper, welche in der Bildebene die dort vereinigten Strahlen zerteilen bzw. bestimmte, von *verschiedenen* Teilen einer Linse kommende, aber an *einer* Stelle sich schneidende Strahlen gleichzeitig aus dem Lichtbüschel bzw. aus dem abbildenden Strahlenkegel ausschneiden. Dadurch erscheinen von der Bildfläche aus betrachtet die Zonen oder Inseln der das Strahlenbüschel erzeugenden Linse gleichzeitig als Schatten.

Es ergibt sich hieraus eine Reihe sehr wirksamer, einfacher und außerordentlich empfindlicher Prüfungsmethoden zur Untersuchung der optischen Qualitäten von Spiegeln, Linsen und Linsensystemen, die z. B. bei Hohlspiegeln die Auffindung von Abweichungen der Spiegelkurve von der theoretisch gewünschten noch dann ermöglicht, wenn diese Abweichungen kleine Bruchteile einer Wellenlänge sind.

Beispiele: a) Unterkorrigiertes Büschel von Hohlspiegel, Linse oder Linsensystem.

Versuchsanordnung: Eine ferne punktförmige Lichtquelle wird abgebildet. Eine senkrechte Schneide aus 0,1 oder 0,05 mm Stahlblech[1] wird mit Hilfe einer Mikrometerschraube (oder auf Schlitten verschoben) in den Strahlengang geführt. Die Beobachtung erfolgt durch das dicht an die Schneide herangeführte Auge, dem die Eintrittspupille der Optik hell ausgeleuchtet erscheint. Die Strahlen s_2 und s_4 (s. Abb. 42)

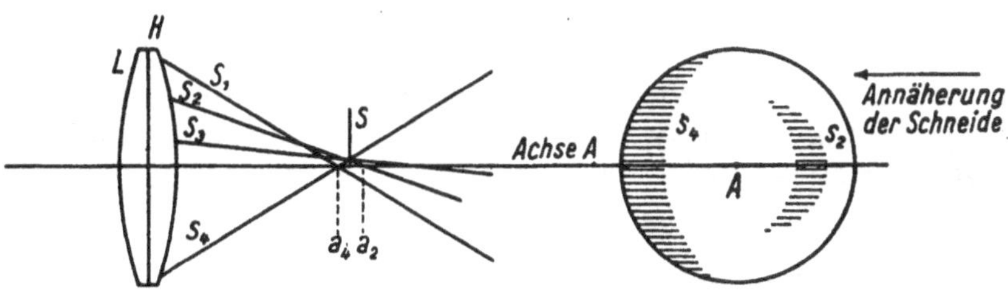

Abb. 42

werden gleichzeitig ausgeschnitten, weil die Schneide ihren Schnittpunkt trifft. a_2 und a_4 sind die einzelnen Fokus-Orte s_2 bzw. s_4.

Deutungsregel für das Schattenbild bei *direkter* Betrachtung mit dem Auge: Tritt der Schatten auf der *gleichen* Seite der Linsenöffnung

[1] Da im Dunkeln beobachtet wird, sind Rasierklingen unbedingt zu vermeiden.

auf, aus der auch die Schneide kommt, so liegt die Schneide zwischen Linse und Schnittpunkt des ausgelöschten Strahlenbüschels mit der optischen Achse, also innerfocal. Im anderen Falle ist es entgegengesetzt.

Beachte: Projiziert man den Lichtkegel auf einen Schirm, so ist es gerade umgekehrt!

b) Überkorrigiertes Büschel an Hohlspiegel, Linse oder Linsensystem (s. Abb. 43).

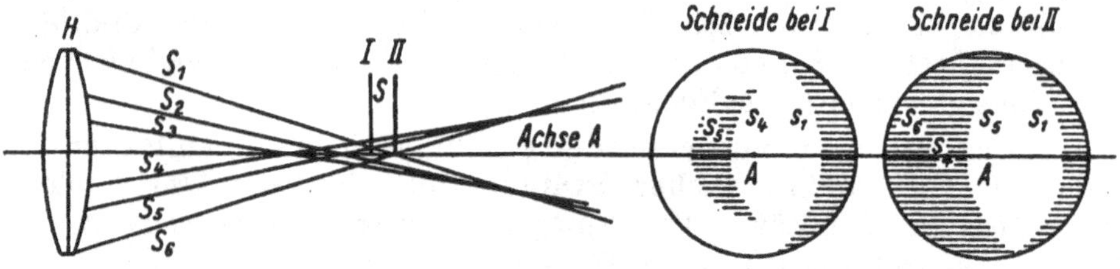

Abb. 43

c) Büschel mit Zone und unterkorrigiertem Rand (s. Abb. 44):

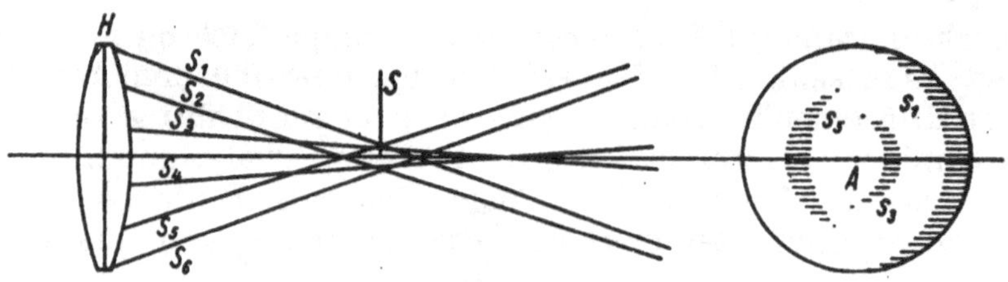

Abb. 44

Es tritt ein zweiter Rechts-Schatten dicht bei der Achse auf. Die Schnittpunkte der rechts abgeschatteten Strahlen mit der Achse liegen also nach der Regel *weiter* von der Linse entfernt als die Schneide.

Erweiterung der Schneide auf ein Liniengitter (RONCHIsches Gitter)

Anstatt einer Schneide kann man ein auf Glas geätztes Gitter von etwa 4×4 mm², jeder Millimeter in 8 bis 12 Teile geteilt (64 bis 144 Felder pro mm²), in die Vereinigung (Kaustik) der Büschel stellen. Man erblickt bei direkter Beobachtung ein Netz von Schatten in der ausgeleuchteten Linsenöffnung. Bei völliger sphärischer Korrektion erscheint das Gitternetz völlig unverzerrt als quadratisches Netz, ob man das Gitter extrafocal oder innerfocal anordnet.

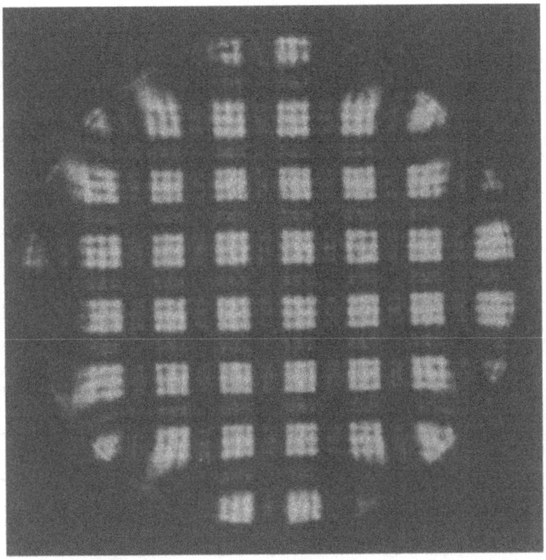

Abb. 45. Gitterprüfbild (innerfocal) eines sphärisch gut korrigierten Objektivs $f = 5$ cm. Nur am äußersten Rand weichen die sonstgeraden Gitterschatten von der Richtung ab.

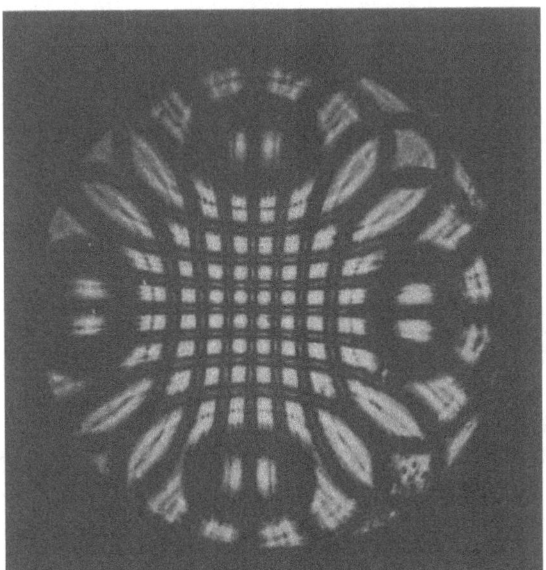

Abb. 46. Achromat. innerfocales Gitterprüfbild. Die sphärische Aberration macht sich hier nach dem Rande zu weit stärker bemerkbar als bei dem gut korrigierten Anastigmaten.

Die auf Seite 57 abgedruckten Photographien sind der Abhandlung F. Hodam „Über ein Rasterverfahren zur Prüfung photographischer Objektive“, Feingerätetechnik, März 1952, entnommen.

Eine Achromat mit typischer Korrektionskurve zeigt also im Netzschatten des Ronchi-Gitters eine der Korrektionskurve ähnliche Kurvenform, und zwar bei innerfocaler Anordnung des Gitters. Durch Drehen des Objektivs um die Vertikale untersucht man die Koma.

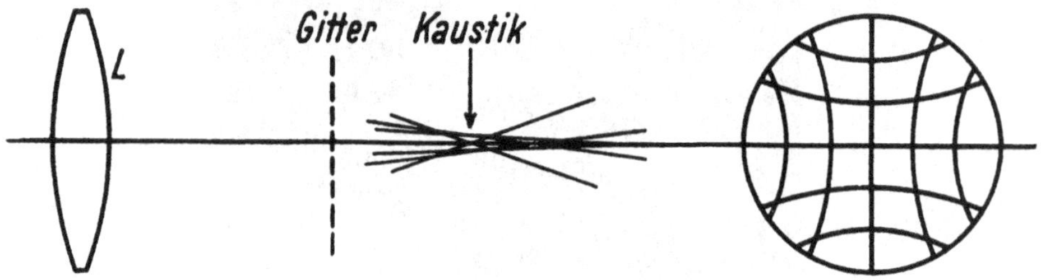

Abb. 47
Einfache Linse mit sphärischer Unterkorrektion

THEORETISCHE GRUNDLAGEN UND RECHNERISCHE METHODEN DER FARBFEHLERKORREKTION

Achromatische, hyperchromatische und hypochromatische optische Systeme

Wir betrachten das Problem zunächst nicht vom Standpunkt der geometrischen, sondern der synthetischen Optik, da wir auf diese Weise einen anschaulichen Begriff von ihm erhalten. Wir beschränken uns dabei auf das zentrale Element der Linse, rechnen also mit paraxialen Bündeln und Büscheln und zumeist mit Linsen verschwindend kleiner Dicke.

Bezeichnungen. Die auf dem Gebiete der Farbabweichungen eingeführten Bezeichnungen sind zum Teil nicht gerade glücklich gewählt und können einerseits falsche Vorstellungen erwecken, andererseits zu Irrtümern Anlaß geben. Da die Brennweite einer Linse vom Brechungsindex des Glases, dieser aber von der Farbe abhängt, die man physikalisch durch Angabe derWellenlänge des betreffenden Lichtes definiert, so hat eine Linse für jede Farbe eine andere Brennweite und damit eine andere Bildgröße für ein- und dasselbe Objekt.

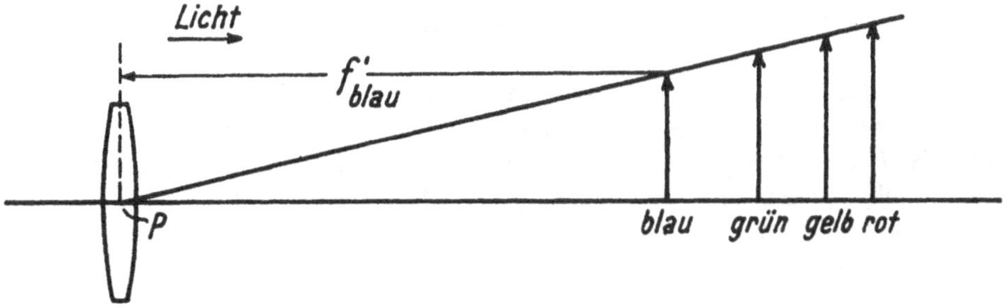

Abb. 48

Die natürliche Farbenlage ist in Abb. 48 für eine dünne Sammellinse dargestellt. Die längste Brennweite ist die für Rot, je kürzer dann die Wellenlänge ist, um so kürzer werden die Brennweiten. Blau ist in Abb. 48 die kürzeste, Violett und Ultraviolett wären noch kürzer. Man nennt dies chromatische Unterkorrektion. Die Linse ist „chromatisch unterkorrigiert“. Diese Bezeichnung ist natürlich nicht ganz zutreffend, denn es ist der natürliche Zustand, die natürliche Farbenlage jeder Sammellinse, und es ist daran nichts „korrigiert" worden. (Die neuerdings benutzten Verdeutschungen „unterbessert" und „überbessert", sind als sprachliche Monstrositäten abzulehnen.)

Wir werden sehen, daß man durch Kombination positiver und negativer Linsen, sogar auch durch die Wirkung einer dicken Glasplatte mit ebenen Flächen die natürliche Farblage verändern, ja, sogar umkehren kann. Man spricht dann von chromatischer Überkorrektion. Wir wollen diese Ausdrücke, da sie nun einmal eingeführt sind, beibehalten, uns aber trotzdem eine andere Bezeichnungsweise bereitstellen, die unsere Überlegungen erleichtert.

Bei einer negativen Linse ist die Farblage relativ zur Linse nämlich genau die gleiche (Abb. 49), aber man muß dies dennoch eine „Überkorrektion" nennen, um es verständlich zu machen, daß die Kombination einer positiven und negativen Linse eine Berichtigung der Farbabweichungen ermöglicht. Daraus ergibt sich, daß die Farblage nach der

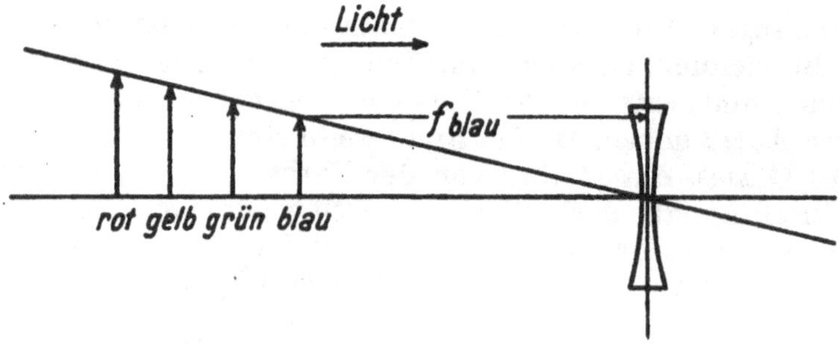

Abb. 49

Lichtrichtung definiert werden muß. Als Bezugsfarbe wird in diesem Falle stets die längere bzw. längste Welle genommen. In Abb. 48 ist also Rot der Bezugspunkt, die Lichtrichtung ist von links nach rechts, die Farblage ist mithin *negativ*, in Abb. 49 ist sie nach der gleichen Regel *positiv*, und wir merken uns: Unterkorrektion bedeutet *negative*, Überkorrektion *positive* Farblage.

Außer der Farblage sehen wir aber noch etwas anderes auf den Abbildungen: die Verschiedenheit der Bildgröße ein- und desselben, in diesem Falle unendlich fernen Objekts.

Während bei einfachen Linsen die relativen Bildgrößen der verschiedenen Farben stets prinzipiell die gleichen sind, die Bilder langer Wellen sind immer die größeren, braucht dies bei Kombinationen von Linsen nicht der Fall zu sein, man kann, wie wir sehen werden, sogar ohne prinzipielle Änderung der Farblage zweier Farben ihr Bildgrößenverhältnis umkehren.

Die Bildgrößenverhältnisse bezeichnet man auch als Farbvergrößerung. Sie spielt eine wichtige Rolle bei der Behebung der Farbfehler optischer Systeme.

Aber noch ein dritter Begriff muß eingeführt werden, um die volle Übersicht über das Wesen der Farbkorrektion optischer Systeme zu erlangen. Dieser Begriff existiert zwar bis jetzt nicht in optischen Lehrbüchern, aber langjährige Erfahrungen haben gezeigt, daß seine Benutzung dem Konstrukteur manche unnütze Arbeit spart und oft den Weg aus Schwierigkeiten zeigt. Es ist der Begriff des „perspektivischen Farbzentrums".

Definition des perspektivischen Farbzentrums (Abb. 50a, b)

Durch paraxiale Durchrechnung sei die Lage und Größe eines Objektes für zwei Farben, z. B. Rot und Grün, festgestellt, dann gibt es auf der optischen Achse einen Punkt Z, von dem aus betrachtet beide Bilder die gleiche scheinbare Größe besitzen. In Abb. 50a und b sind die beiden möglichen Fälle dargestellt. Z ist das perspektivische Farbzentrum.

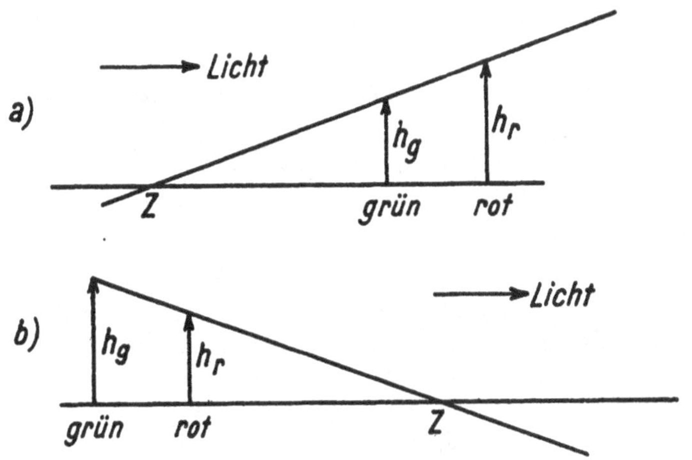

Abb. 50

Folgerung für den Konstrukteur

Man kann zwar durch ein entsprechend zu berechnendes optisches System vor oder hinter dem perspektivischen Farbzentrum die beiden Bilder an *eine* Stelle der optischen Achse bringen, also eine chromatische Korrektion erzielen, aber die beiden Bilder werden *nur dann* gleich groß sein, wenn das korrigierende System im perspektivischen Farbzentrum Z steht. Der Farbvergrößerungsfehler ist dann auch korrigiert.

Wir verstehen nun, weshalb man bei der Anordnung Abb. 51 die chromatische Aberration einer einfachen Sammellinse L_1 durch ein hinter der Abbildungsebene derselben liegendes zweites System korrigieren, aber niemals für zwei Farben zwei sich deckende, also gleichgroße Bilder erzielen kann. Wäre dies ohne weiteres möglich, so hätte

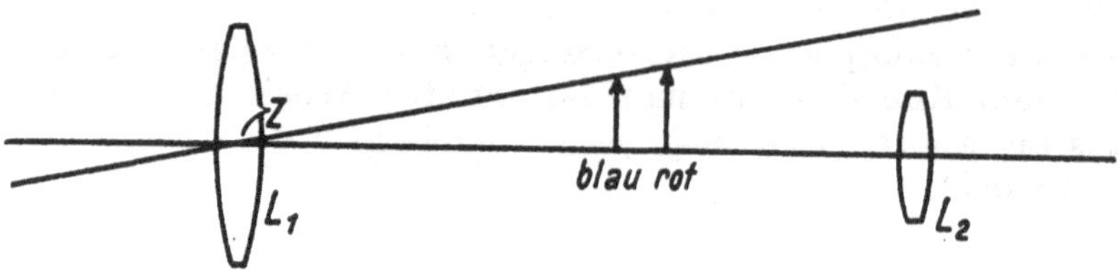

Abb. 51

man sich bei den großen astronomischen Refraktoren die Flintlinse gespart und nur eine einfache sammelnde Kronlinse verwendet, um die erforderliche Farbkorrektion mit einem kleinen optischen Sondersystem zu erreichen. Im Medialfernrohr ist dieser Gedanke mit Hilfe einer allerdings komplizierten Zusatzoptik verwirklicht worden. Das Medialfernrohr hat sich in der Astronomie nicht durchsetzen können, verdient aber Beachtung (Lit. SCHUPPMANN: „Das Medial").

Rechnerische Ermittlung der Lage des perspektivischen Farbzentrums

Für praktisch unendlich ferne Objekte können nur ihre scheinbaren Größen, ausgedrückt durch den Winkel w, unter dem sie erscheinen, eingesetzt werden. Die Bildgröße ist bei einer verzeichnungsfreien Abbildung für eine Farbe x:

$$h'_x = f'_x \cdot \operatorname{tg} w' = f_x \cdot \operatorname{tg} w$$

Denn wegen der Verzeichnungsfreiheit ist die bildseitige Neigung w' des Hauptstrahles gegen die Achse gleich der dingseitigen w.

Für Objekte h in endlichem Abstand ist

$$h'_x = \beta_x h \qquad \beta_x = \frac{s'_1 \cdot s'_2 \cdot s'_3 \cdot \cdots \cdot s'_k}{s_1 \cdot s_2 \cdot s_3 \cdot \cdots \cdot s_k} \text{ (Farbe } x\text{)}$$

Der Abstand e des perspektivischen Farbzentrums vom *größeren* Bild ist:

$$e = h'_1 \frac{\triangle s'_{1,2}}{h'_1 - h'_2}\,; \text{ bei unendlich fernem Objekt: } e = f_1' \cdot \frac{s'_1 - s'_2}{f'_1 - f'_2}$$

Der Zähler ist immer positiv. $\triangle s'_{1,2}$. Die Differenz der Schnittweiten für die gewählten zwei Farben ist positiv, wenn relativ zur Lichtrichtung h_1 *rechts* von h_2 steht.

Bei einer sehr dünnen Einzellinse liegt Z in der Linse selbst.

Verlagerung des perspektivischen Farbzentrums zur Korrektion des Farbvergrößerungsfehlers

Das perspektivische Farbzentrum kann an einer Stelle der optischen Achse liegen, an welcher eine korrigierende Linse nicht angeordnet werden kann oder soll. Beim Fernrohrobjektiv aus einer einzigen Sammellinse liegt das perspektivische Farbzentrum in der Linse selbst, eine Behebung des Farbvergrößerungsfehlers durch eine hinter der Abbildungsebene liegende Optik ist also unmöglich. Das korrigierende Glied müßte bei der Sammellinse selbst liegen, die Lösung des Problems ist also, wie wir später sehen werden, der Achromat aus zwei Linsen entgegengesetzter Brechkraft. Nun gibt es aber ein Mittel, das perspektivische Farbzentrum zu verlegen, ja, sogar das Vorzeichen von e umzukehren, es also hinter die Brennebene zu bringen.

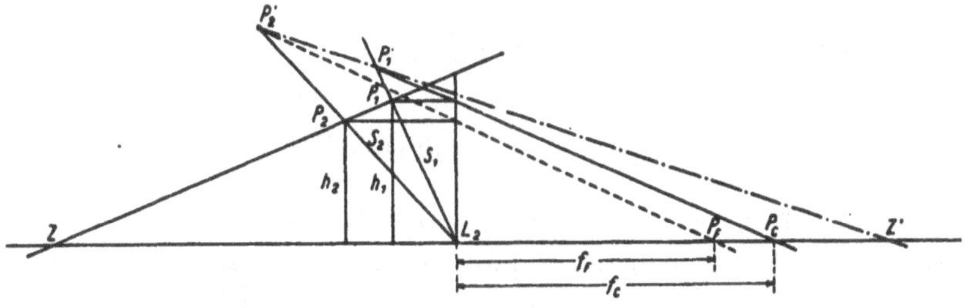

Abb. 52

In Abb. 52 haben wir dies, der besseren Anschauung halber, graphisch dargestellt. h_1 und h_2 sind das Rotbild und Grünbild eines Objektes, erzeugt durch eine Linse L_1 (nicht gezeigt). Das perspektivische Farbzentrum liegt also in Z, dem Achsenpunkt der Linse L_1. Dicht hinter den Bildern h_1 und h_2 ordnen wir eine zweite Sammellinse, L_2, von kurzer Brennweite an. Die Brennweiten für Rot und Grün sind f_C und f_F. Wir konstruieren nach der graphischen Methode (S. 14) die Abbildungen von h_1 und h_2 durch die Linse L_2, indem wir einerseits die Strahlen S_1 und S_2 durch die Punkte P_1 und P_2 der Bilder und den Linsenmittelpunkt ziehen, andererseits achsenparallele Linien durch P_1 und P_2, deren Durchstoßpunkte mit der als achsensenkrechte Strecke dargestellten Linse wir mit den zugehörigen Brennpunkten P_C und P_F verbinden. Die Schnittpunkte dieser Strahlen geben uns die Lagen P'_1 und P'_2 der Bilder von P_1 und P_2, und wir sehen, daß jetzt das grüne Bild größer geworden ist als das rote. Das perspektivische Farbzentrum Z, das *vor* den Abbildungen h_1 und h_2 lag, ist auf die entgegengesetzte Seite übergesprungen und liegt jetzt *hinter* h_1 und h_2 bei Z'. Mit einem hier angeordneten Korrektionsglied läßt sich in einer dritten Abbildung sowohl der Abstand der beiden Bilder auf Null bringen als auch gleiche Größe der Bilder erzielen. Mit anderen Worten: Es lassen sich die chromatische Aberration *und* der Farbvergrößerungsfehler beheben.

In der Abbildung sind die Verhältnisse zur anschaulichen Darstellung übertrieben worden. Wie das Korrektionssystem zu konstruieren ist, werden wir bei der jetzt folgenden Theorie der Farbabweichungen erörtern.

Theorie der Farbabweichungen

Die formelle Darstellung vereinfacht sich erheblich, wenn wir statt mit der Brennweite f' mit ihrem reziproken Wert $\frac{1}{f'}$ = Brechkraft φ rechnen.

Aus der Brennweitenformel für eine Linse mit zu vernachlässigender Dicke:

$$f' = \frac{1}{n-1} \frac{r_1 r_2}{(r_2 - r_1)} \quad \text{ergibt sich } \varphi = (n-1)\left(\frac{1}{r_1} - \frac{1}{r_2}\right).$$

Die Brechkraft ist das Produkt zweier Faktoren, von denen der eine ausschließlich vom Glase, der andere ausschließlich von der Form der Linse selbst abhängt. Diesen Formfaktor $\left(\frac{1}{r_1} - \frac{1}{r_2}\right)$, der im Falle z. B. einer bikonvexen Linse (r_2 negativ) $\frac{1}{r_1} + \frac{1}{r_2}$ ist, bezeichnen wir mit $\varkappa$ und erhalten

$$\varphi = \varkappa (n-1)$$

Für zwei verschiedene Farben, z. B. C und F ist die Differenz der Brechkräfte

$$\triangle\varphi = \varkappa \cdot \triangle n$$

Die Einzellinse sehr kleiner Dicke besitzt also immer eine Farbabweichung, und zwar ist sie, bezogen auf die Linse, stets negativ. Bei einer Linse aus einer einzigen Glassorte kann die Farbdifferenz der Brennweiten sowie der Schnittweiten behoben werden, wenn wir ihr eine bestimmte durch Formeln definierte Dicke geben. Davon soll später die Rede sein.

Will man die Farbabweichung anders beheben, so muß man zwei Linsen kombinieren. Die Brechkraft zweier Linsen, die sich praktisch abstandslos berühren, ist

$$\varphi = \varphi_1 + \varphi_2 = (n_1 - 1)\varkappa_1 + (n_2 - 1)\varkappa_2$$

Soll die Brennweite für zwei Farben (man wählt zumeist Rot und Grün (C und F) für visuellen, Gelb und Violett (D und G) für photographischen Gebrauch) gleich sein, so muß

$$\triangle\varphi = \triangle\varphi_1 + \triangle\varphi_2 = \triangle n_1 \varkappa_1 + \triangle n_2 \varkappa_2 = 0 \quad \text{sein.} \tag{1}$$

Praktisch geht man so vor, daß man φ festlegt als die Brechkraft weder von Rot noch Grün, sondern für eine zwischen Rot und Grün liegende Wellenlänge und wählt dafür das Gelb der Natriumlinie D. (Da sie eine Doppellinie ist, wird glastechnisch der Index für die Heliumlinie d genommen.)

Wir haben dann

$$\varphi = \varphi_D = \varphi_{1D} + \varphi_{2D} = (n_{1D} - 1)\,\varkappa_1 + (n_{2D} - 1)\,\varkappa_2$$

Aus $\varphi_1 = (n_{1D} - 1)\,\varkappa_1$, $\varphi_2 = (n_{2D} - 1)\,\varkappa_2$ ergeben sich für $\varkappa_1$ und $\varkappa_2$ die Werte:

$$\varkappa_1 = \frac{\varphi_1}{n_{1D} - 1} \qquad \varkappa_2 = \frac{\varphi_2}{n_{2D} - 1}$$

Setzen wir diese Werte in Gl. 1 ein und führen für $\frac{\triangle n}{n_D - 1}$ die sog.

ABBEsche Zahl $\nu = \frac{n_D - 1}{n_F - n_C}$

ein, so ergibt sich $\nu_1\,\varphi_1 + \nu_2\,\varphi_2 = 0$ (2)

Unter Zuhilfenahme der Beziehung $\varphi_1 + \varphi_2 = \varphi$ ergeben sich aus Gl. 2 die erforderlichen Werte φ_1 und φ_2. Es ist

$$\varphi_1 = \frac{\nu_1}{\nu_1 - \nu_2}\,\varphi \qquad \varphi_2 = \frac{\nu_2}{\nu_1 - \nu_2}\,\varphi \tag{4}$$

Da $\nu_1 \neq \nu_2$ ist, müssen φ_1 und φ_2 entgegengesetzte Vorzeichen haben, und wir erhalten die wichtige Beziehung $\frac{\varphi_1}{\varphi_2} = -\frac{\nu_1}{\nu_2}$

Da bei einer Einzellinse für eine mittlere Farbe (n_D)

$$\varphi = (n_D - 1)\,\varkappa \qquad \text{ist,}$$

die Differenz $\triangle\varphi$ der Brechkräfte für zwei vor und hinter n_D liegende Farben (n_C und n_F)

$$\triangle\varphi = (n_F - n_C)\,\varkappa \qquad \text{ist,}$$

erhalten wir die wichtige Beziehung

$$\frac{\triangle\varphi}{\varphi} = \frac{(n_F - n_C)}{(n_D - 1)} = \frac{1}{\nu} = -\frac{df'}{f}$$

Die Zahl ν gibt uns gleichzeitig an, wie groß die Farbabweichung relativ zur Brennweite ist. Ist $\nu = 60$ (Kronglas), so ist die Farbabweichung von Rot bis Grün $\frac{1}{60}$ der Brennweite.

Diese Beziehung wird ebenso bedeutungsvoll wie interessant, wenn wir unseren Gedankengang auf eine *beliebige Kombination* zweier Linsen der Brechkraft φ_1 und φ_2 aus zwei beliebigen Glassorten n_1 und n_2 anwenden. Auch hier ergibt sich eine theoretische ν-Zahl, die allerdings Werte erreichen kann, die es bei keiner einzelnen Glassorte gibt, und die sogar negativ werden können. Aber dieses resultierende ν, wir bezeichnen es (nach BOEGEHOLD) mit $\nu_{1,2}$, ist ein vorzügliches zahlenmäßiges Kriterium zur Beurteilung der Farblage unserer Linsenkombination. Man erkennt sofort, daß für einen Achromaten $\nu_{1,2}$ einfach nichts anderes ist als ∞, denn $\frac{df'}{f'} = \frac{1}{\nu_{1,2}}$ muß dann $= 0$ sein.

Bekanntlich ist die Farbzerstreuung eines Glases um so größer, je kleiner ν wird. Es gibt nun eine unterste Grenze von ν (ca. 25.0), die sich glastechnisch nicht unterschreiten läßt; es kann aber vorkommen, daß ein Bild mit einer bereits feststehenden Farbabweichung nochmals abgebildet werden soll unter Behebung des Farbfehlers, die Berechnung aber zeigt, daß es kein Glas von der hierzu notwendigen Dispersion bzw. ν-Zahl gibt. Dann läßt sich eine Linsenkombination berechnen, deren Farblage diesem ν-Wert entspricht. Dasselbe gilt von ν-Werten, die höher liegen müssen als 70.0. Eine Linsenkombination mit einem resultierenden ν-Wert > 70 oder < 25.0 läßt sich aber mit Hilfe untenstehender Formel berechnen.

Es ist
$$\frac{\varphi_1}{\nu_1} + \frac{\varphi_2}{\nu_2} = \frac{\Phi}{\nu_{1,2}} \tag{5}$$

Wird nun ein bestimmter $\nu_{1,2}$-Wert bei gegebenem Φ gefordert, so haben wir außer Gl. 5 noch die Gleichung:
$$\varphi_1 + \varphi_2 = \Phi \tag{6}$$
Setzen wir den Wert von Φ aus Gl. 6 in Gl. 5 ein, so erhalten wir
$$\frac{\varphi_1}{\nu_1} + \frac{\varphi_2}{\nu_2} = \frac{\varphi_1 + \varphi_2}{\nu_{1,2}}$$

und durch elementare Umformung
$$\varphi_1 \frac{\nu_{1,2} - \nu_1}{\nu_1 \cdot \nu_{1,2}} = \varphi_2 \frac{\nu_2 - \nu_{1,2}}{\nu_2 \cdot \nu_{1,2}} = - \varphi_2 \frac{\nu_{1,2} - \nu_2}{\nu_2 \nu_{1,2}} \tag{7}$$

Wenn $\nu_{1,2}$ größer ist als irgendeiner der Werte ν_1 und ν_2, so muß φ_2 negativ sein bzw. das entgegengesetzte Vorzeichen wie φ_1 haben. Dies gilt auch, wenn $\nu_{1,2}$ negativ ist, Bei $\nu_{1,2}$ beispielsweise $= +120$ ergibt sich eine Linsenkombination, die *unter*korrigiert ist, d. h. Blau ist um $\frac{1}{120}$ der Brennweite für n_D kürzer als Rot. Bei $\nu_{1,2} = -120$ ist die Kombination überkorrigiert, das Entgegengesetzte ist der Fall.

Soll die Brechkraft der Kombination positiv sein, so muß $\varphi_1 > \varphi_2$ sein. Aus (7) erhalten wir

$$-\frac{\varphi_1}{\varphi_2} = \frac{(\nu_{1,2} - \nu_2)\,\nu_1}{(\nu_{1,2} - \nu_1)\,\nu_2} \tag{8}$$

Außer $\nu_{1,2}$, das uns vorgeschrieben ist, und der Bedingung $\varphi_1 < \varphi_2$ haben wir zur Erfüllung der Gl. 8 alle anderen Werte frei wählbar. Würden wir $-\frac{\varphi_1}{\varphi_2} = \frac{\nu_1}{\nu_2}$ setzen, so ist Gl. 8 mit einem endlichen Wert von $\nu_{1,2}$ nicht erfüllbar, $\nu_{1,2}$ müßte ∞ sein, mit anderen Worten, wir haben einen Achromaten. Dies erkennt man auch, wenn man die chromatische Aberration $\Delta f'/f'$ in folgender Form schreibt

$$\frac{\Delta f'}{f'} = -\frac{\frac{\varphi_1}{\nu_1} + \frac{\varphi_2}{\nu_2}}{\varphi_1 + \varphi_2} = -\frac{\frac{\varphi_1}{\nu_1} + \frac{\varphi_2}{\nu_2}}{\Phi} = -\frac{1}{\nu_{1,2}}$$

(Siehe H. Boegehold, Geometrische Optik, 127, S. 191). Für $\nu_{1,2} = \infty$ entsteht aus dieser Gleichung ohne weiteres die Beziehung

$$\frac{\varphi_1}{\varphi_2} = -\frac{\nu_1}{\nu_2}.$$

Um nun die Bedingung Gl. 8 konstruktiv zu verwirklichen, z. B. für $\nu_{1,2} = +100$, gehen wir von folgender Erwägung aus:

$\frac{\varphi_1}{\varphi_2}$ muß größer als 1 sein. Allzu verschieden wird man die Brennweiten der beiden Linsen nicht machen, da dies der Behebung der Abbildungsfehler in der Regel nicht dienlich ist. Wir haben hier einen guten Anhaltspunkt: $\nu_{1,2} = +100$ ist gewissermaßen eine etwas unterkorrigierter Achromat. Wir nehmen also zwei Gläser mit ν-Werten, die wir auch für Achromate gebrauchen würden, und rechnen nach Gleichung 8 aus, welches Verhältnis φ_1/φ_2 haben müßte. Das reziproke ist dann das Brennweitenverhältnis.

Bei nicht zu extremen Forderungen wird man auf diese Weise bei der ersten Ausrechnung der erforderlichen Brennweiten und der sich daraus ergebenden Radien bereits recht nahe am Ziel sein. Der Weg zu weiterer Annäherung läßt sich dann durch Überlegungen finden. Man klammere sich nicht an die vorgeschriebene Brennweite der Kombination. Die gewünschte Brennweite läßt sich immer noch am Schlusse erzielen, indem man alle Radien mit der erhaltenen Brennweite dividiert und der gewünschten multipliziert, desgleichen Dicken und Abstände.

Ist z. B. $\nu_{1,2} = +100$ gefordert, so nimmt man die Schottgläser K_2 $\nu_1 = 57$ und $F_2 \nu_2 = 38$. ν_1/ν_2 ist 1.5, ein übliches Verhältnis für Achromate. Wir erhalten

$$-\frac{\varphi_1}{\varphi_2} = \frac{(100-38)\,57}{(100-57)\,38} = \frac{62}{43} \cdot 1.5 = 2.16275$$

Da $\varphi_1 = 1/f_1$, $\varphi_2 = 1/f_2$, haben wir $f_1 = 100$ $f_2 = -216.275$ (positive Kombination). Man rechnet die Radien für n_D. Die Durchrechnung des Beispiels unter der Annahme einer plankonvexen Linse ($f_D = +100$) und einer plankonkaven ($f_D = -216.275$) mit unwirksamen Dicken und Abstand Null ergibt $F_C = 392.136$ $F_F = 388.363$. Die Differenz ist 3.773 statt $\frac{1}{100}$ der mittleren Brennweite 390.25, also 3.902.

Gehen wir ins Extrem und setzen $\nu_{1,2} = +20$. Wir behalten die Gläser bei und machen wieder $f_1 = 100$, aber diesmal negativ und wiederum aus Kronglas K_2.

$$\frac{1}{\varphi_2} = f_2 = -\frac{1}{\varphi_1} \frac{(\nu_{1,2} - \nu_2)\,\nu_1}{(\nu_{1,2} - \nu_1)\,\nu_2} = +100\,\frac{-18}{-37} \cdot 1.5 = +75.00$$

Die Ausrechnung ergibt $F_C + 310.643$ $F_F + 288.297$ $F_C - F_F = 22.34$, statt $\frac{1}{20}$ der mittleren Brennweite, also etwa 30.0. Solch eine Linse, die eine stärkere Farbzerstreuung besitzt als eine Einzellinse aus einer der beiden Glassorten, nennt man nach P. Rudolph hyperchromatisch.

Als erste Annäherung ist aber die errechnete Linsenkombination brauchbar und der Schritt zum Ziel nicht mehr groß.

Genau auf die gleiche Art kann man positive Linsenkombinationen errechnen, die überkorrigiert sind, also z. B. eine sammelnde Linse, bei der das rote Bild näher zur Linse liegt als das blaue, ebenso negative.

Ein besonderer Fall liegt vor, wenn die Kombination der beiden Linsen für eine mittlere Farbe, z. B. Gelb (D) die Brennweite $f' = \infty$ besitzt, für andere Farben, z. B. Rot (C) und Blau (F), sehr große Brennweiten von entgegengesetztem Vorzeichen. Solch eine sog. Schrödersche Platte ist oft das letzte Mittel, um ein optisches System chromatisch sowohl hinsichtlich des Bildortes wie der Bildgröße zu korrigieren.

Wir haben bisher nur den idealisierten Fall erörtert, daß beide Linsen am selben Ort liegen und ihre Dicken unwirksam sind. Die letzte Annahme behalten wir bei, stellen aber die beiden Linsen im Abstand e voneinander.

Unsere ursprüngliche Bedingung $\frac{\varphi_1}{\varphi_2} = -\frac{\nu_1}{\nu_2}$ bzw. $\frac{f_1}{f_2} = -\frac{\nu_2}{\nu_1}$ bekommt dann die Form

$$\frac{1}{f_1 \nu_1} + \frac{1}{f_2 \nu_2}\left(\frac{e - f_1}{f_1}\right)^2 = 0 \quad \text{(Achromasie der Bildlage)}$$

Soll das System für zwei verschiedene Farben gleichgroße Bilder haben, so ist die Gleichung zu erfüllen:

$$e = \frac{\nu_1 f_1 + \nu_2 f_2}{\nu_1 + \nu_2} \quad \text{(Achromasie der Brennweiten)}$$

Machen wir beide Linsen aus dem gleichen Glase, also $\nu_1 = \nu_2$ und beide positiv, so läßt sich diese Bedingung erfüllen, e wird $= \frac{f_1 + f_2}{2}$. Die Bilder zweier Farben liegen zwar nicht am gleichen Ort, sind aber gleichgroß (Ramsden-Okular).

Ein Sonderfall der Achromasie

Achromasie einer Einzellinse

Auch bei einer Linse, die aus einem einzigen Stück Glas hergestellt ist, läß sich teilweise Achromasie erzielen. Radien und die Dicken einer solchen Linse, sofern sie überhaupt ausführbar sind, können die anderen optischen Fehler derart vergrößern, daß die erzielte Achromasie gegenüber diesen Aberrationen bedeutungslos wird.

Merté führt (Handbuch der Physik 1927 (Geiger und Scheel) Bd. XVIII, S. 140/141) eine Formel zur Berechnung einer solchen Linse an.

Die Brennweite F einer Linse mit den Radien r_1, r_2 und der Dicke d ist bekanntlich

$$F = \frac{n\, r_1\, r_2}{(n-1)\,[n\,(r_2 - r_1) + (n-1)\, d]}$$

zur Abkürzung wird $A = \frac{1}{2} \quad \frac{F\,(r_2 - r_1) + 2\,d\,F + r_1\, r_2}{F\,(r_2 - r_1) + F d}$ eingeführt.

Für einen bestimmten Wert von F erhält man für n die beiden Werte

$$n = A \pm \sqrt{A^2 - \frac{d}{r_2 - r_1 + d}}$$

Eine theoretische Entwicklung und Begründung der Formel wird nicht gegeben.

Der Verfasser hat auf Grund einer ganz elementaren Überlegung die nachfolgende Lösung der Aufgabe gefunden.

Eine planparallele Platte erzeugt chromatische *Über*korrektion, denn die Verschiebung, die ein von achromatischer Aberration freier Bildpunkt P in der Lichtrichtung erleidet, ist für Blau größer als für Rot, während bei einer Linse das Gegenteil der Fall ist, also chromatische *Unter*korrektion eintritt. Kombinieren wir diese beiden optischen Elemente, so können wir den Radius der Linse und, indem wir das optische Bild innerhalb des Glases belassen, die kompensierende Plattendicke errechnen. Wir erhalten dann eine Linse, allerdings von ungewöhnlicher Dicke, aber das von ihr erzeugte optische Bild übertrifft an Farbkorrektion auch den besten dreilinsigen Apochromaten.

Die Verschiebung der Bildpunkte durch eine Planplatte ist

$\triangle s'_d = \frac{n-1}{n} \cdot d = \left(1 - \frac{1}{n}\right) d$, wir differenzieren nach n und erhalten

$\delta (\triangle s')_d = + \frac{\triangle n}{n^2} d$ die chromatische Variation. Analog ergibt sich aus der Bildweite einer Plankonvexlinse innerhalb des Glases

$$s'_L = \frac{n}{n-1} r \qquad \triangle s'_L = - r \frac{\triangle n}{(n-1)^2}$$

Die Achromasiebedingung ist

$$\delta (\triangle s')_d + \delta (s'_L) = 0$$

also

$$d \frac{\triangle n}{n^2} = r \frac{\triangle n}{(n-1)^2}$$

Daraus $\quad r = d \frac{(n-1)^2}{n^2}$

Soll die Korrektion für das Gebiet von C bis F erfolgen, so haben wir

$$r = d \frac{(n_C - 1)(n_F - 1)}{n_C \, n_F}$$

Zur gleichen Formel kommt man auch ohne Differenzierung, wenn wir sofort die chromatischen Verschiebungen bzw. Aberrationen für C und F für die Platte und die Linse benutzen.

$$\delta (\triangle s) \text{ (Platte)} = \left(\frac{n_F - 1}{n_F} - \frac{n_C - 1}{n_C}\right) d$$

$$(\triangle s') \text{ (Linse)} = \left(\frac{n_F}{n_F - 1} - \frac{n_C}{n_C - 1}\right) r$$

Eine nach dieser Formel berechnete Linse von 60.0 mm Brennweite ergibt folgende Schnittweiten (Bildweiten) für das gesamte sichtbare Spektrum:

	A	*C*	*D*	*F*	*G*	*h*
s'_k	114.724	114.729	114.729	114.729	114.716	114.708

Für die Brennweiten ist, wie es auch aus der Formelgrundlage hervorgeht, die chromatische Aberration theoretisch nicht behoben. Aber auch diese Aberrationen sind für *C* bis *F* klein:

	A	*C*	*D*	*F*	*G*	*h*
f'	59.48	59.143	58.85	58.197	57.697	57.291

Die chromatischen Aberrationen sind von *C* bis *F* völlig behoben (Fehler 0.001 auf 114.0) für *A* und *G* sind sie — 0.005 und — 0.013, für *h* 0.021.

Die Linse ist sphärisch überkorrigiert.

Eine praktische Ausführung $f = 10.0$ mm $r = 5.00$ mm $d = 47.01$ mm (Bild im Abstande 19.01 mm von der Planfläche im Glase) ergab ein durch geometrische Abbildungsfehler (sphärische Aberration, Koma usw.) stark beeinträchtigtes Bild. Im Hinblick auf die ideale chromatische Korrektion, die weit über das hinausgeht, was notwendig ist, kann man aber die Linse getrost aufteilen, also den sehr kleinen Radius, der an den anderen Abbildungsfehlern schuld ist, verdreifachen, also noch eine Bi-Linse mit 15 mm Radius vorsetzen, so daß der Radius der Blocklinse 15.0 mm wird.

Dieser Sonderfall ist hier ausführlich dargelegt worden, weil der Konstrukteur gelegentlich einmal vor einer ähnlichen Aufgabe als der einzigen Lösung stehen könnte, und ein ideenreicher Optiker unter Umständen neue Möglichkeiten finden könnte.

Weitere Behebung der Farbfehler

Das sekundäre Spektrum

Die Korrektion der Farbabweichungen beschränkte sich bis jetzt darauf, zwei Bilder verschiedener Farbe an *einen* Ort zu bringen (Achromasie der Bildlage) und ferner, dafür zu sorgen, daß sie dann auch gleiche Größe besitzen (Achromasie der Bildgröße). Die anderen Bilder liegen dann vor oder hinter diesen beiden zusammenfallenden Bildern, und dadurch verbleibt, besonders bei astronomischen Objekten sichtbar, ein Farbrestfehler, den man als das sekundäre Spektrum bezeichnet. Um auch dies zu beseitigen, muß man noch eine dritte Farbe berücksichtigen, also drei Bilder verschiedener Farbe an *einen* Ort bringen.

Die theoretischen Ableitungen sind verwickelt. Es sei auf H. BOEGEHOLD, Geometrische Optik, S. 195, hingewiesen. Will man mit einem zweilinsigen System das sekundäre Spektrum beseitigen, so müssen die verwendeten Glasschmelzen hinsichlich ihrer Brechungsindices (n_1, n_2) folgende Bedingung erfüllen:

$$\frac{n_{2G} - n_{2F}}{n_{2F} - n_{2C}} = \frac{n_{1G} - n_{1F}}{n_{1F} - n_{1C}} \quad [1]$$

Das bedeutet aber nichts anderes als daß die sog. partiellen Dispersionen, die im Glaskatalog bei jeder Schmelze angegeben sind, für die beiden Gläser einander gleich sein müssen. Im SCHOTTschen Katalog sind die Werte

$$\frac{n_F - n_G}{n_C - n_F} \quad \text{verzeichnet.}$$

Praktisch ist die Sache leider nicht so einfach. Eine Diskussion der für den zweilinsigen Achromaten geltenden Formeln ergibt nämlich folgendes:

Es soll $\frac{f_1}{f_2} = \frac{\nu_2}{\nu_1}$ sein. Ferner ist die Brennweite der Kombination (Vorzeichen der Brennweiten bereits berücksichtigt)

$$F = + \frac{f_1 f_2}{f_2 - f_1}$$

Setzen wir hier den sich aus der 1. Gleichung ergebenden Wert von f_2 ein und reduzieren, so ergibt sich

$$F = f_1 \frac{\nu_1}{\nu_1 - \nu_2}$$

Ein Blick in den Glaskatalog zeigt uns, daß Gläser, bei denen die partielle Dispersion

$$d = \frac{n_F - n_G}{n_C - n_F}$$

die gleiche ist, auch fast die gleichen ν-Werte besitzen. Selbst bei kurzer Brennweite f_1 wird F relativ sehr groß sein, andersherum betrachtet, eine vorgeschriebene Brennweite F kann nur durch Linsen verwirklicht werden, die eine ganz erheblich kleinere Brennweite, mithin ungewöhnlich starke Krümmungen besitzen, die eine gute sphärische Korrektion bei selbst bescheidenen Lichtstärken (Öffnungsverhältnissen) unmöglich machen.

[1] Ist D die mittlere Farbe, so kann man auch mit der partiellen Dispersion $\frac{n_G - n_D}{n_D - n_C}$ operieren. (GLEICHEN, Leitfaden der praktischen Optik, 1906, S. 52).

Eine Auswahl solcher Gläserpaare aus dem SCHOTTschen Glaskatalog mit gleichen partiellen Dispersionen unter Angabe des Faktors $\frac{\nu_1}{\nu_1 - \nu_2}$, ist untenstehend angeführt.

	n_D	ν	d	
B_aK_6	1.5744	56.4	0.548	$F = 17 \cdot f_1$
K_zF_3	1.5241	53.1	0.548	
K_zF_5	1.5213	52.8	0.548	$F = 15.67 \cdot f_1$
K_2	1.5160	56.8	0.547	$F = 43 \cdot 7 \cdot f_1$ (!)
SK_{22}	1.6779	55.5	0.547	
SK_{19}	1.6134	57.3	0.547	
BK_4	1.5005	66.0	0.533	$F = 34 \cdot f_1$
FK_6	1.4453	68.0	0.533	

Nur wenn man ein Sonderglas K_zFS_2 benutzen kann, das aber an freier Luft nicht haltbar ist, so ist folgende Kombination möglich:

K_zFS_2	1.5578	53.90	0.544	$F = 10 \cdot f_1$
K_5	1.5235	59.60	0.544	

Die positive K_5-Linse müßte in zwei Linsen aufgeteilt und die negative K_zFS_2-Linse zwischen den beiden eingekittet werden.

Für Wasser ist $d = 0.516$.

Achromasie und Petzvalbedingung

Soll ein Achromat im Scheitel frei von Bildfeldkrümmung sein, so muß außer der Achromasiebedingung $\frac{f_2}{f_1} = -\frac{\nu_1}{\nu_2}$ noch die Petzvalbedingung

$$\frac{1}{n_1 f_{p1}} + \frac{1}{n_2 f_{p2}} = 0$$

erfüllt sein, wo f_p die Pseudobrennweiten[1] sind. Die Pseudobrennweiten errechnen sich nach der Formel

$$\frac{1}{f_p} = (n - 1)\left(\frac{1}{r_1} - \frac{1}{r_2}\right)$$

im obigen Falle werden $f_{p1} = f_1$ und $f_{p2} = f_2$, und um beide Bedingungen zu erfüllen, muß

$$\frac{\nu_1}{\nu_2} = \frac{n_1}{n_2} \quad \text{sein.}$$

[1] Die Pseudobrennweite fällt mit der Brennweite der Linse zusammen, wenn man die Dicke vernachlässigt.

Befinden sich die beiden Linsen im Abstande e, so ist das System achromatisch *und* erfüllt die Petzvalbedingung, wenn folgende Gleichungen erfüllt sind:

$$f_1 = \frac{F(n_1 + n_2 A)}{n_1}, \quad f_2 = \frac{-F(n_1 + n_2 A)}{n_2}, \quad e = f_1 (1 + A)$$

F ist die vorgeschriebene Brennweite der Kombination und

$$A = \pm \sqrt{\frac{\nu_2 n_1}{\nu_1 n_2}}$$

Für $\frac{\nu_2}{\nu_1} = {}^9/_{16}$, $n_2 = 1.6900$, $n_1 = 1.5625$ ergibt sich $A = \pm 0.721$. Mit positivem A erhält man $f_1 = 1.77 \cdot F$, $f_2 = -1.64 \cdot F$. (GLEICHEN, Leitfaden der praktischen Optik 1906, S. 199/200).

Achromatische Prismen

Für kleine brechende Winkel α_1, α_2 und kleine Totalablenkung ε ist ein Prismensatz aus zwei einander entgegengesetzt wirkenden Prismen achromatisch, wenn folgende Bedingungen erfüllt sind:

$$\alpha_1 = \frac{\varepsilon}{(n_{1F} - n_{1C})(\nu_1 - \nu_2)}, \quad \alpha_2 = -\frac{\varepsilon}{(n_{2F} - n_{2C})(\nu_1 - \nu_2)}$$

Soll die Achromasie sich auf ein anderes Farbenpaar, x, y, beziehen, so sind die entsprechenden Werte zu wählen. Allgemein lautet also die Formel

$$\alpha_1 = \frac{\varepsilon}{(n_{1x} - n_{1y})\left(\frac{n_{1m} - 1}{n_{1x} - n_{1y}} - \frac{n_{2m} - 1}{n_{2x} - n_{2y}}\right)}$$

entsprechend α_2. Die Werte n_{1m} bzw. n_{2m} sind die Indices der beiden Glassorten für eine zwischen x und y liegende mittlere Farbe.

Für größere Totalablenkung rechnet man die α-Werte nach den gleichen Formeln aus und stellt durch trigonometrische Ausrechnung fest, wie nahe man der Lösung ist bzw. in welchem Sinne das Resultat vom gewünschten abweicht. Einfache Überlegungen sagen uns dann, welches Prisma zu stark oder zu schwach wirkt.

Das Rechenschema ist einfach. Man wähle den Einfallswinkel i_1 am ersten Prisma am besten so, daß er für die mittlere Farbe dem Minimum der Ablenkung entspricht. Also $\sin i_1 = n \sin \frac{\alpha}{2}$

Es ist dann für eine beliebige Farbe

$$\sin i'_1 = \frac{1}{n_1} \cdot \sin i_1\,, \quad i_2 = \alpha_1 - i'_1$$
$$\sin i'_2 = n_1 \sin i_2\,, \quad i_3 = i'_2$$

(beide Prismenflächen 2 (Austritt) und 3 (Eintritt) zu einander parallel), $\sin i'_3 = \frac{1}{n_2} \sin i_3$, $i_4 = a_2 - i'_3$, $\sin i'_4 = n_2 \sin i_4$. Die Totalablenkung ist die Differenz der beiden Einzelablenkungen

$$\varepsilon_1 = (i_1 - i'_1) + (i'_2 - i_2)$$
$$\varepsilon_2 = (i_3 - i'_3) + (i'_4 - i_4)$$

Die Vorzeichen sind bereits berücksichtigt. Man setze die absoluten Beträge ein.

Die Prismen können verkittet werden, das ändert nichts an ihrer Wirkung. Zum Rechnen ist es, besonders für den Anfänger, ratsam, die Prismen einzeln in Luft zu rechnen mit parallelen Gegenflächen.

Stärkere Totalablenkungen erfordern, da ja nur die Differenz der einzelnen Ablenkungen in Erscheinung tritt, sehr große brechende Winkel der Prismen, und man tut gut, das Prisma mit dem größten brechenden Winkel in zwei zu zerlegen, zwischen denen das zweite Prisma symmetrisch eingekittet wird.

Man erwäge in besonderen Fällen, ob der beabsichtigte Zweck nicht durch Spiegelung erreicht werden kann. Zwischen einem abbildenden Objektiv und seiner Bildebene angeordnete Prismensysteme, auch einfache spiegelnde, verderben die Korrektion des Objektivs bis zur Unbrauchbarkeit.

Der Grund hierfür liegt im Auftreten von Astigmatismus, denn hinter dem Objektiv haben wir konvergente Büschel und, wie man S. 41 lesen kann, erzeugen auch Planflächen Astigmatismus. Sie wirken überkorrigierend, desgleichen bewirken sie sphärische Aberration und Koma. Auf die anderen Fehler soll hier nicht eingegangen werden.

SONDERLINSEN UND SPIEGELLINSEN

1. Der aplanatische Meniskus

Der aplanatische Meniskus ist der einzige Fall einer Linse, die ein von sphärischer Aberration freies Strahlenbüschel wiederum frei von Aberration abbildet.

Die in Lehrbüchern übliche Darstellung des aplanatischen Meniskus dient zur Erläuterung der Theorie. Sobald man sie zur praktischen Konstruktion verwenden will, treten aber eine Reihe von Fragen auf, die aus der Theorie nicht ohne weiteres beantwortet werden. Aus diesem Grunde ist hier im Anschluß an die optisch-geometrische übliche Darstellung eine technische Konstruktionsformel entwickelt, die allerdings erheblich von jener abweicht, aber den Konstrukteur sicher führt.

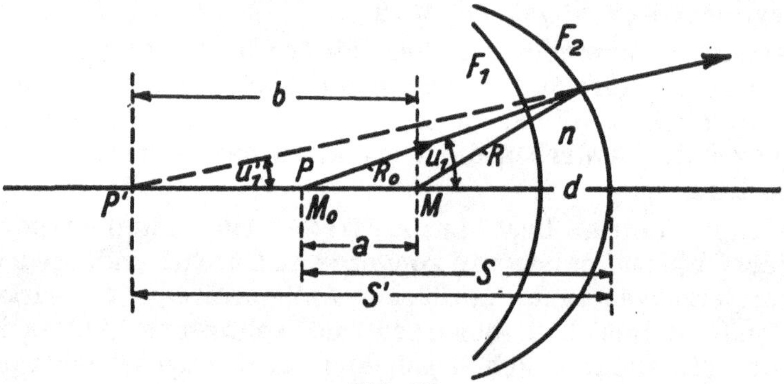

Abb. 53

Vom Punkte P (Abb. 54) auf der optischen Achse geht ein Strahlenbüschel aus. Dieser Punkt P ist gleichzeitig der Krümmungsmittelpunkt M_0 der ersten Fläche F_1 des Meniskus. Die Theorie des aplanatischen Meniskus beweist, daß es eine zweite sphärische Fläche F_2 von gleichem Vorzeichen des Radius wie die erste gibt, die sämtliche von P ausgehenden Strahlen wiederum aberrationsfrei in einem Punkte P' abbildet. Dies ist dann der Fall, wenn folgende Bedingungen erfüllt sind:

$$a \cdot b = R^2 \qquad a = R : n \qquad b = R \cdot n$$

Hieraus auch:

$$s = \frac{n+1}{n} R \quad s' = (n+1) R \quad \frac{s'}{s} = n$$

n ist der Brechungsindex. Der Radius R_0 ist beliebig, da das Strahlenbüschel ungebrochen durch die erste Fläche geht.

Der Beweis für die Richtigkeit der Theorie ist in Lehrbüchern nachzulesen. (CHWOLSON, Lehre von der strahlenden Energie, 1922, S. 193) Die Lichtrichtung kann natürlich auch umgekehrt sein.

Mit diesen Beziehungen ist konstruktiv nicht viel anzufangen, denn wenn wir auch einen Ausstrahlungspunkt P auf der optischen Achse haben, so gibt es unendlich viele aplanatische Menisken, die ihn aberrationsfrei abbilden, und die obigen Formeln geben uns nicht den geringsten technischen Anhalt dafür, wie wir vorzugehen haben. Wir müssen uns also die einschränkenden Voraussetzungen aus der konstruktiven Aufgabe selbst entnehmen, und hier ist das Gegebene der Aperturwinkel u_1, der vom Meniskus erfaßt werden soll, also die vorgeschriebene Lichtleistung beim Kondensor und Auflösungskraft beim Mikroskop. Durch Festlegung von u_1 bzw. $\sin u_1$ können wir die Gesamtheit aller aplanatischen Menisken von dieser Apertur in *einer* Formel zum Ausdruck bringen und durch Verkleinerung von R_0 gestaltlich modulieren oder durch Reduktion aller Daten (Radien und Dicke) auf die jeweils notwendige Brennweite bringen.

Aus der obigen Abbildung ergibt sich

$$R^2 = (R_0 \sin u_1)^2 + (R_0 \cos u_1 - a)^2$$

Da beim aplanatischen Meniskus $a = \frac{R}{n}$ ist, erhalten wir

$$R^2 = R_0^2 - 2\, R_0 \cos u_1 \cdot \frac{R}{n} + \frac{R^2}{n^2}$$

$$n^2 R^2 = n\, R_0^2 - 2\, R_0 \cos u_1 \cdot n\, R + R^2$$

$$R^2 (n^2 - 1) = n^2 R_0^2 - 2\, R_0 \cos u_1 \cdot n R$$

$$R^2 = \frac{n^2}{n^2 - 1} R_0^2 - 2\, R_0 \cos u_1 \frac{n}{n^2 - 1} R$$

$$R^2 + 2 \left(R_0 \frac{n}{n^2 - 1} \cos u_1 \right) R = \frac{n^2}{n^2 - 1} R_0^2$$

Die Lösung dieser quadratischen Gleichung ergibt

$$R = + \frac{n}{n^2 - 1} \cdot R_0 \left\{ \sqrt{n^2 - \sin^2 u_1} - \cos u_1 \right\}$$

Praktisches Beispiel (Abb. 54)

Gefordert sei die Erfassung eines Strahlenbüschels von 120°, also $u_1 = 60°$. Der Kolbendurchmesser der Lampe zwinge uns, $R_0 = 80$ mm zu machen, damit sie nicht gegen die Linse stößt. n sei 1.500. $n^2 = 2.25$, $n^2 - 1 = 1.25$, $\cos u_1$ wird $= 0.5$; $\sin^2 u_1 = 0.75$ $n^2 - \sin^2 u_1 = 1.50$

$\sqrt{n^2 - \sin^2 u_1} = 1.22473$ $\sqrt{n^2 - \sin^2 u_1} - \cos u_1 = 0.72473.$

Logarithmische Rechnung
(Rechenschieber in diesem Falle genügend)

n	0.17609	1.5
$:(n^2 - 1)$	0.09691	: 1.25
$=$	0.07918	= 1.20
$\cdot R_0$	1.90309	· 80.00
$=$	1.98227	= 96.0
· 0.72473	9.86018	· 0.7245
		= 69.58
$= R$	1.84245	$R = 69.575$

Die Scheiteldicke der Linse ist

$$d = a + R - R_0$$

$$= \frac{n+1}{n} R - R_0 = 35.96$$

Die Schnittweite $S = R_0 + d = 115.96$ Nach der Brechung an der zweiten Fläche muß

$$s' = n \cdot s = 1.5 \cdot 115.96 = 173.94$$

sein.

Dies muß auch die Schnittweite für den unter 60° durch die erste Fläche gehenden und an der zweiten gebrochenen Strahl sein. Wir ermitteln sie nach dem Rechenschema (S. 24)

$$N = a \cdot \sin u_1 = \frac{R}{n} \cdot \sin u_1$$

$$\sin i = \frac{N}{R} = \frac{\sin u_1}{n}$$

$$\sin i' = n \sin i = \sin u_1 \text{ also } i'_1 = u_1$$

$$s' = R + \frac{N'}{\sin u_2}$$

$$u_2 = u_1 - (i'_1 - i_1) = i_1$$

Also
$$R + \frac{N'}{\sin u_2} = R + \frac{N \cdot n}{\sin i_1} = R + \frac{N \cdot n}{N/R}$$

$$s' = (n+1) R = 2.5 \cdot 69.575 = 173.94$$

Wird der Meniskus am Rande zu scharf, so kann man R_0 etwas kleiner wählen. Es ändert nichts an der aberrationsfreien Abbildung. Man nehme deshalb bei der Anlage der Konstruktion R_0 nicht zu knapp (Verwendung aplanatischer Menisken bei Kondensoren, siehe GLEICHEN, Theorie der optischen Instrumente.)

Der aplanatische Meniskus kann auch als Negativlinse ausgeführt werden, sie hat aber nur geringe praktische Bedeutung. Die Radienfolge wird relativ zur Lichtrichtung vertauscht.

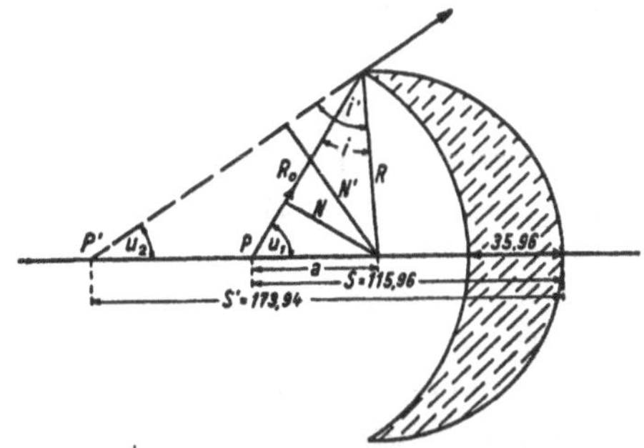

Abb. 54

Da

$$\frac{\sin u_1}{\sin u_2} = \frac{n \sin i_1}{\sin i_1} = n,$$

das Sinusverhältnis der beiden Winkel also konstant ist, sind P und P' nicht nur aberrationsfreie, sondern auch sog. aplanatische Punkte der Kugelfläche mit dem Radius R.

2. *Der teleskopische Meniskus*

Wird bei einer Linse mit Radien gleichen Vorzeichens die Dicke $d = \frac{n}{n-1}(r_1 - r_2)$, so wird die durch sie bewirkte Abbildung teleskopisch d. h. ein unendlich fernes Objekt wird wieder im Unendlichen abgebildet und dabei vergrößert oder verkleinert. Die Linse hat Meniskenform und aus diesem Grunde nennen wir sie den „teleskopischen Meniskus".

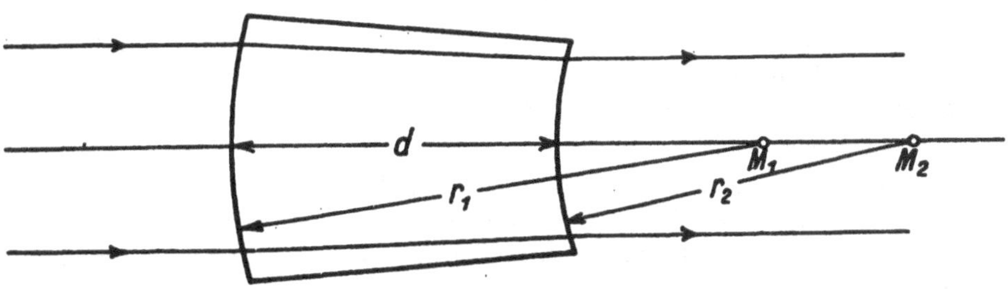

Abb. 55

In der Stellung Abb. 55 zur Lichtrichtung wirkt er vergrößernd und ist identisch mit einem Galileischen Fernrohr aus einem einzigen Glasstück. Wegen dieser Eigenschaft, die sich bei Umdrehung des Meniskus in eine verkleinernde Wirkung verwandelt, stellt der teleskopische Meniskus die Grundform aller Vorsatzsysteme dar, welche die Brennweite eines Objektivs vergrößern oder verkleinern, ohne die Einstellung für ein unendlich fernes Objekt zu verändern, d. h. die Brennebene bleibt die gleiche, mit und ohne Vorsatz.

Der teleskopische Meniskus hat aber noch eine andere bemerkenswerte Eigenschaft: er wirkt astigmatisch überkorrigierend und kann also bei der konstruktiven Anlage von Objektiven als Grundform benutzt werden. Die in Abb. 56 prinzipiell dargestellte Kombination ergibt ein von Astigmatismus fast freies Bildfeld von 38° totalem Bildwinkel, während die *Bi*-Linse allein naturgemäß ein völlig unkorrigiertes Bild erzeugt. Der Abstand e ist maßgebend für die Erzielung von Verzeichnungsfreiheit. Ist e zu groß, so entsteht kissenförmige Verzeichnung und bei zu kleinem e tonnenförmige. Der teleskopische Meniskus soll eine Charakteristik c etwa $= 1.2$ bis 1.3 haben. c ist die Vergrößerung, die er in der Stellung Abb. 55 bewirkt.

$$c = \frac{1}{1 - \frac{(n-1)\,d}{n r_1}} = \frac{r_1}{r_2}$$

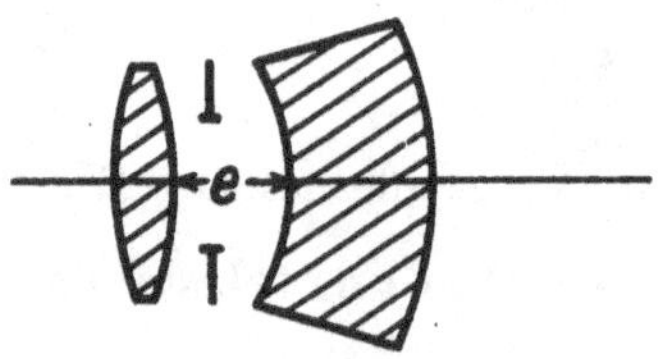

Abb. 56

Im übrigen unterliegt der teleskopische Meniskus folgenden Formeln:

$$r_1 = d\,\frac{c\,(n-1)}{(c-1)\,n} \qquad r_2 = r_1 - \frac{n-1}{n}\,d$$

$$d = r_1\,\frac{n\,(c-1)}{(n-1)\,c} \qquad M_{12} = \frac{d}{n}$$

Die Bedingung teleskopischer Abbildung ist streng nur für die paraxialen Strahlen erfüllt. Bei Öffnungen bis zu $\frac{r_1}{4}$ und $c = 1.2$, $n = 1.5$, ist die Abweichung aber noch sehr gering, s' ist etwa $450 \times r_1$ und positiv. Der Meniskus wirkt mit seinen Randzonen ($h \neq 0$) wie eine Sammellinse sehr großer Brennweite. Bei einer Öffnung $= 0.8\,r_1$ ist $s' = 136 \cdot r_1$, $n = 1.5$.

Die Folge davon ist, daß je nach der Lage eines Achsenpunktes relativ zur Brennebene der wirkenden Zone des Meniskus die Abbildung durch eine Zone virtuell oder reell sein kann, wobei dies außerdem noch für verschiedene Zonen verschieden ist.

Dem Konstrukteur sei empfohlen, sich mit dieser Linse rechnerisch zu beschäftigen, auch verkittet. Sie ist ein wertvolles Hilfsmittel für die Feinkorrektion und Leistungssteigerung von Objektiven.

3. Die homotopische Linse

(Homotopische Abbildung)

Diese Bezeichnung ist neu und tritt bisher nicht in der Optik auf. Der Verfasser hat sie angewendet zur Charakterisierung einer besonderen Form optischer Abbildung.

Die homotopische Abbildung stellt den Fall dar, in welchem ein Punkt auf der Achse durch eine Linse wieder in sich selbst abgebildet wird. Die Linse, die dies in einem gegebenen Fall unter gegebenen Bedingungen vollzieht, nennen wir darum eine homotopisch abbildende oder kurz eine homotopische Linse (zu deutsch: „gleichortige Linse").

Die entartete Form der homotopischen Abbildung ist die teleskopische. Hier liegt der Punkt im Unendlichen und wird wieder im Unendlichen abgebildet.

Wir leiten die Formel für den vereinfachten Fall ab, daß einer der beiden Radien ∞ ist.

1. Fall $r_2 = \infty$

Gegeben sei s_1, d, n. Bedingung der homotopischen Abbildung

$$s'_2 = s_1 - d$$

Wir haben

$$s'_1 = \frac{n\, r_1\, s_1}{r_1 + (n-1)\, s_1} \quad (1) \qquad s_2 = s'_1 - d \quad s'_2 = \frac{1}{n}\, s_2 \quad \text{soll} = s_1 - d \quad \text{sein.}$$

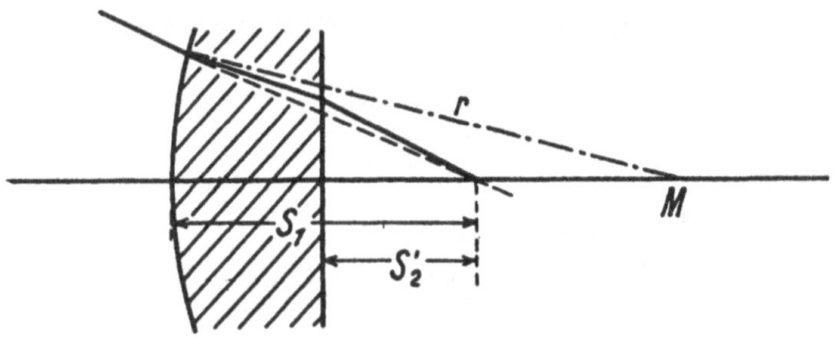

Abb. 57

Daraus ergibt sich, da $s_2 = (s'_1 - d)$ ist,

$$\frac{s'_1 - d}{n} = (s_1 - d) \quad \text{und} \quad s_1 = n\,(s_1 - d) + d = ns_1 - (n-1)\,d$$

Setzen wir dies in (1) ein, so erhalten wir

$$\frac{n\, r_1\, s_1}{r_1 + (n-1)\, s_1} = s'_1 = ns_1 - (n-1)\, d$$

und daraus

$$r_1 = \frac{ns_1^2 - (n-1)\, s_1 d}{d} \tag{2}$$

Die Vergrößerung bzw. Verkleinerung ist

$$\beta = \frac{s'_1 \cdot s'_2}{s_1 \cdot s_2}$$

Da $s'_2 = \frac{1}{n} s_2$, also $\frac{s'_2}{s_2} = \frac{1}{n}$ ferner aus (1) $\frac{s'_1}{s_1} = \frac{n r_1}{r_1 + (n-1) s_1}$

so ist
$$\beta = \frac{n s_1 - (n-1) d}{n s_1}$$

Die Linse verkleinert.

2. Fall $r_1 = \infty$

$$s'_1 = n s_1, \quad s_2 = n s_1 - d$$

$$s'_2 = \frac{r_2 s_2}{n r_2 + (n-1) s_2} = \frac{r_2 (n s_1 - d)}{n r_2 + (n-1)(n s_1 - d)}$$

s'_2 soll $= s_1 - d$ sein

Durch Umformung ergibt sich.

$$r_2 = -\frac{(n s_1 - d)(s_1 - d)}{d}$$

$$\beta = \frac{s'_1 \cdot s'_2}{s_1 \cdot s_2} = \frac{n s_1 (s_1 - d)}{s_1 \cdot (s'_1 - d)} = \frac{n (s_1 - d)}{n s_1 - d}$$

Beispiele

$$r_2 = \infty$$

Es seien: $n = 1.5 \quad s_1 = 50 \quad d = 30$

$$r_1 = \frac{n s_1^2 - (n-1) s_1 \cdot d}{d} = \frac{3750 - 750}{30} = 100$$

Logarithmisches Rechnen

0.	9.69897	0.17609	0200	s'_1 60.00	$\beta = \frac{60 \cdot 20}{50 \cdot 30} = 0.8$
1.69897	2.00000	8.39794	0050	d 30.00	
8.30103	7.69897	1.77815	0250	s_2 30.00 +	
0.17609		0.		s'_2 20	
1.47712		8.69897		+ d 30	
8.69897		1.30103		50 = S_1	

$$r_1 = \infty$$

Wir rechnen mit den gleichen Werten wie oben:

$$r_2 = -\frac{(n s_1 - d)(s_1 - d)}{d} = -\frac{(75 - 30)\,20}{30} = -30$$

$$\beta = \frac{n (s_1 - d)}{n s_1 - d} = \frac{30}{45} = \frac{2}{3}$$

In umgekehrter Lichtrichtung haben wir eine Vergrößerung des Bildes $\beta' = \frac{1}{\beta}$. Die homotopische Abbildung kann theoretisch beliebig oft wiederholt werden. Drei homotopische Linsen bilden einen Punkt P, bzw. sein erstes, zweites und drittes Bild immer wieder in P ab, in diesem Falle jedesmal vergrößert. Es ist

$$s_{1,2} = s_1 + d_1; \quad s_{1,3} = s_{1,2} + d_2 \quad \beta'_{1,2,3} = \beta'_1 \cdot \beta'_2 \cdot \beta'_3.$$

Der mathematisch Denkende erkennt, daß die Vergrößerung nicht beliebig groß gemacht werden kann. Es gilt:

$$\beta'_4 < \beta'_3, \quad \beta_5 < \beta'_4 \text{ usw.}$$

Die Bestimmung des Grenzwertes

$$\beta'_1 \cdot \beta'_2 \cdot \beta'_3 \cdots\cdots \beta'_\infty = \prod_1^\infty \beta'$$

ist eine mathematisch interessante Übungsaufgabe.

Eine ganz allgemeine Theorie der homotopischen Linse auf Grund der Abbildungsgleichungen, wobei nur von den Hauptpunkten einer Linse oder eines Linsensystems ausgegangen wird, ist von Hodám entwickelt worden und sei nachstehend wiedergegeben.

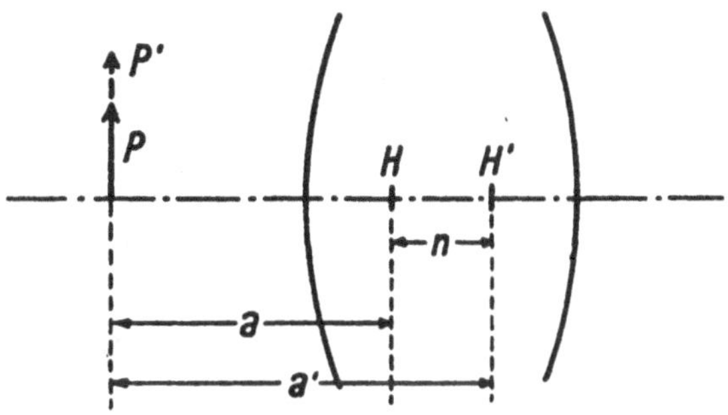

Abb. 57a

Geht man bei der Ableitung der Formeln nicht von den Schnittweiten aus, wie es vorstehend getan wurde, sondern legt die allgemeinen Abbildungsgleichungen zugrunde, so ergeben sich allgemein anwendbare Formeln. In Abb. 57a ist eine Linse mit ihren Hauptpunkten H und H' dargestellt. In P liegt das Objekt und gleichzeitig das Bild. Dann ist der Abstand $PH = a$ und $PH' = a'$. Der Punkt P kann je nach Art der Abbildung vor oder hinter der Linse liegen.

Es gilt also $a = a' + h$. Führt man nun für a bzw. a' die allgemeinen Abbildungsgleichungen

$$a' = \frac{a \cdot f'}{a + f'}$$

oder

$$a = \frac{a' \cdot f'}{-a' + f'}$$

ein, so ergeben sich nach Umformung folgende Beziehungen:

$$a = \frac{h}{2} \pm \sqrt{\frac{h^2}{4} + hf'}$$

$$a' = -\frac{h}{2} \pm \sqrt{\frac{h_2}{4} + hf'}$$

In diesen Formeln ist über die Radien der Linse nicht verfügt. Es bleibt also dem Rechner vorbehalten, die Linse so zu gestalten, daß sie den gewünschten, speziellen Korrektionsbedingungen entspricht. Es ist lediglich auf Einhaltung der Brennweite und auf einen vorgeschriebenen Hauptpunktabstand Rücksicht zu nehmen.

Bei Auflösung der Gleichungen erhält man je 2 Werte für a und a', die beide entgegengesetzte Vorzeichen haben. Man findet also für die zwei möglichen Fälle — Bild und Objekt vor der Linse bzw. hinter der Linse — die zugehörigen Werte. Aus dem Vorzeichen ergibt sich unmittelbar die Lage der Punkte bei Berücksichtigung der üblichen Vorzeichenregeln.

Für die Vergrößerung erhält man die Beziehung

$$\beta = \frac{-\frac{h}{2} \pm \sqrt{\frac{h^2}{4} + hf'}}{\frac{h}{2} \pm \sqrt{\frac{h^2}{4} + hf'}}$$

In der Regel ist die Brennweite durch die allgemeinen Daten des gesamten optischen Aufbaues, in dem die homotopische Linse verwendet werden soll, bestimmt. Das gleiche gilt auch für die Gegenstandsweite a. Für die Bestimmung des Hauptpunktabstandes h erhält man dann durch Umformung die Gleichung

$$h = \frac{a^2}{a + f'}$$

Es bleibt also gleichgültig, ob die homotopische Linse als Einzellinse oder als Kombination aus mehreren Linsen verwirklicht wird. Dem Konstrukteur ist die Möglichkeit gegeben, mit den üblichen Hilfsmitteln der optischen Rechnung ein System zu entwickeln, das ganz speziellen Korrektionsforderungen entspricht. Er hat lediglich auf die Einhaltung des Hauptpunktabstandes zu achten.

Beispiel:

Die bei den oben angeführten Beispielen benutzte Plankonvexlinse habe eine Brennweite von $f' = 200$ mm, eine Dicke von 30 mm und einen Hauptpunktabstand $h = 10$ mm. Dann ergibt sich für

$$\begin{aligned} a &= 5 \pm \sqrt{25 + 2000} \\ a_1 &= 50 \\ a_2 &= -40 \\ a' &= -5 \pm \sqrt{25 + 2000} \\ a'_1 &= 40 \\ a'_2 &= -50 \end{aligned}$$

Die Größen a_1 und a'_1 gelten für die Lage des Punktes P vor der Linse, die Größen a_2 und a'_2 für die Lage hinter der Linse.

Die homotopische Abbildung hat folgende, praktisch verwertbare Eigenschaften:

1. Eine zwischen Objektiv und Bildebene z. B. als Feldlinse eingeführte homotopische Linse läßt die Scharfeinstellung bestehen, und zwar für eine Farbe vollkommen, für die anderen mehr oder minder innerhalb der zulässigen Verschiebungsgrenzen.
2. Die homotopische Linse ändert die Brennweite, ohne die Bildweite zu ändern.
3. Die homotopische Linse kann wegen ihrer Eigenschaften das Bild einer bestimmten Farbe, für die sie berechnet worden ist, am Ort zu lassen, während die anderen Bilder verschoben werden, zur Änderung der Farbkorrektion benutzt werden.

4. Der Manginspiegel

Ursprünglich nur als Ersatz für die schwer herstellbaren Parabolspiegel gedacht — der Manginspiegel hat zwei *sphärische* Flächen — läßt sich der Manginspiegel auch zur Konstruktion von Objektiven sehr großer Lichtstärke verwenden. Man hat dabei den großen Vorteil, nur *eine* Spiegellinse großen Durchmessers, also auch nur *eine* große Scheibe aus optischem Glas verwenden zu müssen, wodurch sich die Herstellung erheblich verbilligt. Die chromatische Korrektion wird durch einen negativ wirkenden Manginspiegel erreicht, also prinzipiell wie beim zweilinsigen Achromaten, wobei aber nicht die Abbeschen ν-Werte des Glaskatalogs in die Rechnung einzusetzen sind, sondern die Abbe-Mangin-ν-Werte (siehe S. 88).

Der optische Grundgedanke des Manginspiegels beruht auf einem der sog. Minimumsprobleme. Eine reell abbildende Spiegellinse soll derart wirken, daß die Summe der absoluten Ablenkungen des Lichtstrahls ein Minimum wird. Bei einer Spiegellinse haben wir es mit drei Ablenkungen zu tun: 1. an der Eintrittsfläche Radius r_1, 2. an der spiegelnden Fläche Radius r_2, 3. an der Austrittsfläche Radius $r_3 = r_1$.

Beim Manginspiegel ist die Lösung die, daß die dritte Ablenkung Null wird, der Strahl also nach seiner Spiegelung ungebrochen durch die Eintrittsfläche austritt. Die Bedingung ist in aller Strenge nur für das paraxiale Büschel erfüllbar.

Die allgemeine Formel für die Brennweite aller Spiegellinsen ist nach BOEGEHOLD:

$$f' = \frac{r_1^2 r_2}{2n(n-1)\left\{\frac{r_1^2}{n-1} - \frac{r_1 r_2}{n} - \frac{2r_1 d}{n} + \frac{(n-1) r_2 d}{n^2} + \frac{(n-1) d^2}{n^2}\right\}}$$

Setzen wir analog wie bei Linsen zur Vereinfachung $d = 0$, so erhalten wir

$$f' = \frac{r_1 r_2}{2\,nr_1 - 2\,(n-1)\,r_2}$$

Bei $d = 0$ ist die letzte Schnittweite s'_3 gleich der Brennweite f'. Soll dabei die obige Minimumsbedingung erfüllt werden, so bedeutet dies

$$f' = r_1$$

und wir erhalten für den Manginspiegel der Dicke Null

$$r_2 = \frac{2n\, r_1}{2n-1} \text{ (Beide Radien haben das gleiche Vorzeichen!)}$$

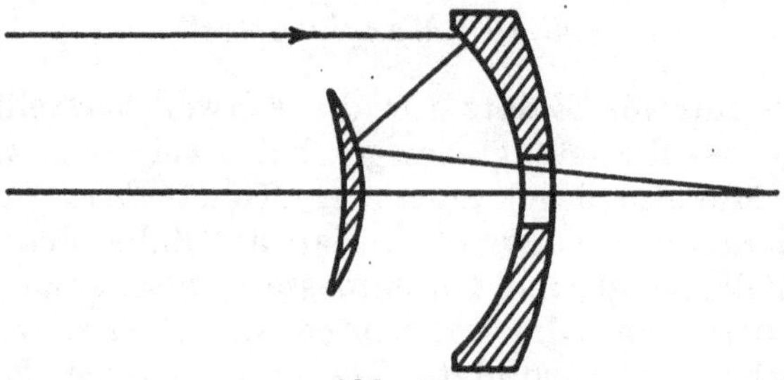

Abb. 58

Bei der Anlage der Konstruktion rechnet man r_2 nach dieser Formel aus, indem man für r_1 die vorgeschriebene Brennweite f' einsetzt. Alsdann setzt man für die Scheiteldicke d einen Wert ein, der sich aus technischen Erwägungen ergibt, also bei Spiegeln bis 10 cm Durchmesser nicht weniger als 3.0 mm, 15 cm Ø 5,0 mm 20 Ø 8 bis 10 mm, bei 30 cm Ø braucht man im allgemeinen nicht über 12 bis 15 mm Scheiteldicke hinauszugehen. Soll der Spiegel mit einem negativen kombiniert werden (Abb. 58), so muß er eine zentrale Durchbohrung bekommen. Man darf aber trotzdem die Scheiteldicke aus Herstellungsgründen darum nicht viel kleiner machen.

Die Änderung der Dicke kann rechnerisch dazu benutzt werden, um einen Spiegel auf die vorgeschriebene Brennweite zu bringen, wenn es sich noch um etwa 10% handelt. Bei Vergrößerung der Dicke nimmt die Brennweite ab.

Der negative Manginspiegel der Brennweite f hat genau die gleichen Radien wie der positive, auch wird wiederum die Fläche mit dem größeren Radius verspiegelt, nur ist die Aufeinanderfolge der Flächen relativ zur Lichtrichtung die umgekehrte. Der negative Manginspiegel ist ein positiver Meniskus mit verspiegelter, konkaver Fläche.

Die chromatische Aberration des Manginspiegels

Wie wir auf S. 86 dargelegt haben, ist die Brennweite eines Manginspiegels mit unwirksamer Dicke

$$f' = \frac{r_1 r_2}{2\,n\,r_1 - 2\,(n-1)\,r_2} = \frac{1}{\frac{2\,n}{r_2} - 2\,\frac{(n-1)}{r_1}} = \frac{1}{2n\,\varrho_2 - 2\,(n-1)\,\varrho_1}$$

Für zwei verschiedene Farben mit den Brechungsindices n und $\mathfrak{n}$ ist

$$\varphi = \frac{1}{f'} = 2n\,\varrho_2 - 2\,(n-1)\,\varrho_1\;;\;\psi = 2\mathfrak{n}\,\varrho_2 - 2\,(\mathfrak{n}-1)\,\varrho_1$$

$$\psi - \varphi = 2\,\Delta\,n\,(\varrho_2 - \varrho_1) = \frac{1}{f'_{\mathfrak{n}}} - \frac{1}{f'_n} = \frac{f'_n - f'_{\mathfrak{n}}}{f'_n \cdot f'_{\mathfrak{n}}} \qquad (\Delta\,n = n - \mathfrak{n})$$

also $\quad f'_n - f'_{\mathfrak{n}} = \triangle f'\,\text{chrom.} = 2\,\triangle n(\varrho_2 - \varrho_1)\,f_{\mathfrak{n}} \cdot f_n = 2\,\triangle n(\varrho_2 - \varrho_1)\,f_{n'}'^{2}$,
wo n der Index einer mittleren Farbe ist.
Setzen wir $f'_n = f'_{nF}$, $f'_{\mathfrak{n}} = f'_{nC}$, $f'_{n'} = f'_{nD}$,
so wird $f'_{F-C} = 2(n_F - n_C)(\varrho_1 - \varrho_2)\,f_D^2$. [$(\varrho_1 - \varrho_2)$ weil f_{F-C} positiv sein muß].

Obwohl er wie eine positive Linse wirkt, hat der Manginspiegel chromatische Überkorrektion, das gleiche gilt vom negativen Manginspiegel, der wie eine negative Linse wirkt.

Es ist nun sehr interessant zu untersuchen, ob die ABBEsche Zahl bei Spiegellinsen die gleiche Bedeutung hat wie bei Linsen, d. h. daß die chromatische Aberration gleich $\frac{f}{\nu}$ ist. Dies ist *nicht* der Fall.

Das Ergebnis der Untersuchung für den Fall des Manginspiegels ist für die Kombination des Manginspiegels mit Linsen im Hinblick auf das Problem der Behebung der Farbfehler sehr bedeutungsvoll. Da bei $d = 0$ und Erfüllung der Mangin-Bedingung, wonach der reflektierte Strahl ungebrochen durch die Vorderfläche gehen soll $f = r_1$ ist, läßt sich die chromatische Aberration ausdrücken durch die Formel:

$$f_{F-C} = \frac{n_F - n_C}{n_D} \cdot f_D = \frac{n_F - n_C}{n_D - 1} \cdot \frac{n_D - 1}{n_D} \cdot f_D = \frac{n_D - 1}{n_D} \cdot \frac{1}{\nu} f_D$$

Also nicht ν, sondern $\frac{n_D}{n_D - 1} \cdot \nu$ ist hier die ABBEsche Zahl, die wir als ν_M bezeichnen.

In untenstehender Tabelle haben wir für eine Reihe von Gläsern des SCHOTT-Katalogs die ν_M-Werte und zum Vergleich die ν-Werte angegeben.

Tabelle der Abbe-Manginzahlen

Glas	PK_1	FK_5	BK_4	K_5	BaK_3	SK_{14}
n_D	1.5038	1.487	1.500	1.522	1.5647	1.6031
ν	66.7	70	66	59.6	55.8	60.7
ν_M	199.0	214	198	171	155	161.4

Glas	SK_{18}	$BaLF_1$	LLF_1	F_2	SF_1	SF_6	$SSKS_1$
n_D	1.6385	1.5625	1.5481	1.6200	1.717	1.8052	1.6930
ν	55.5	50.9	45.9	36.3	29.5	25.5	52.4
ν_M	143	141	129.5	94.6	71.3	57	128

Die durchwegs sehr hohen ν_M-Werte zeigen, daß die Farbfehler des Manginspiegels wesentlich kleiner sind als die der Linsen. Bei der Berechnung einer achromatischen Kombination eines positiven und eines negativen Manginspiegels sind in den üblichen Brennweitenformeln die ν_M- und nicht die ν-Werte einzusetzen.

Rechenschema für den Manginspiegel

Beim Rechnen durch Spiegellinsen ist besondere Aufmerksamkeit geboten, weil sich nach der Spiegelung die Lichtrichtung umkehrt, mithin auch alle Vorzeichen, die von ihr abhängig sind. Eine Ausnahme bildet das Vorzeichen des Mittelpunktabstandes, es bleibt das gleiche, weil es bei Umkehr der Lichtrichtung sich selbst ebenfalls umkehrt. Die Vorzeichenregeln (S. 24) für Linsen sind bei Spiegelungen nicht anwendbar.

Für den positiven Manginspiegel (Hohlspiegel) sind die Rechenschemata für paraxiale Strahlen und Büschel endlicher Öffnung die folgenden:

Paraxiales Rechenschema

Gegeben: Brechungsindex n des Glases, „Brechungs"index der Spiegelung $n = -1$, r_1, r_2 (negativ vor der Spiegelung), $r_3 = r_1$, positiv nach der Spiegelung

1. Brechung (S negativ)

1	$(n-1)(+)$	$\dfrac{n}{-(1/S_1 + 1/R_1)}$	$S_1'\,(-)$
$: S_1\,(-)$	$: r_1\,(-)$		$-d$
$= 1/S_1\,(-)$	$= 1/R_1\,(-)$	$= S_1'\,(-)$	$= S_2 = -(S_1' + d)$

Spiegelung

1	$(n-1) = -2$	$\dfrac{1}{-1/S_2 + 1/R_2}$	$S_2'\,(+)\left(\dfrac{2}{r} > \dfrac{1}{S_2}\right)$
$: S_2\,(-)$	$: r_2\,(-)$		$-d$
$= 1/S_2\,(-)$	$= +1/R_2$	$= S_2'\,(+)$	$= S_3\,(+)$

2. Brechung

n	$(1-n)(-)$	$\dfrac{1}{1/S_3 - 1/R_3}$
$: S_3\,(+)$	$: r_3\,(= -r_1)(+)$	
$= 1/S_3$	$= 1/R_3\,(-)$	$= S_3\,(+)$

Beispiel*: *Positiver Manginspiegel

r_1		r_2
467	6	717
(66932)		(85552)

$n_D = 1.50048$ (17623)
$n_D - 1 = 0.50048$ (9.69938)

$s_1 = +\,651430.00$ (81360)

(Infolge einer Vorsatzlinse ist s_1 nicht ∞)

Logarithmische Rechnung

0.00000	9.69938 +	0.17623	· · 107167 —	1402.16 —
5.81361 +	2.66932 —	7.02943	· · 153 +	6.0 —
4.18639 +	7.03006 —	3.14680	· · 107014 —	1408.16 —
0.00000	0.30103 —	0.00000	· · 278940 +	480.95 +
3.14865 —	2.85552 —	7.31790	71015 —	6.0 —
6.85135 —	7.44551 +	2.68210	· · 207925 +	474.95 +
0.17623	9.69938 —	0.00000	315921 +	479.033 (+) s'_3
2.67665 +	2.66932 +	7.31963	107167 —	
7.49958 +	7.03006 —	2.68037	208754 —	

s'_3 ist in bezug auf die ursprüngliche Lichtrichtung, also die des einfallenden Lichtes natürlich *negativ*.

5. Rechenschema für Büschel endlicher Öffnung

Radien und Dicke wie oben $n = 1.50570\,(17774)$
$N_1 = 140.11\,(+)\,(14647)$ $M_{12} = 244.0\,(38739)$

Formel	Vorz.			
N_1	$(+)$	$\frac{u_1}{—}$	2.14647 +	0 3 40.3
$: r_1$	$(—)$		2.66932 —	—
$= \sin i_1$		i_1	9.47715	(u_1)
$: n$		i'_1	.17774 —	i_1 17 27 21.5
$= \sin i'_1$		$i - i'_1 = \Delta i_1$	9.29941	i'_1 11 29 36 2
			2.66932	Δi_1 5 57 55.3
$\cdot\, r_1$			1.96873 +	$(+)$
$= N'_1$	$(+)$			
M_{12}	$(—)$	$u_2 = u_1 + \Delta i_1$		5 54 15
		Δi ist positiv		+
$\cdot\, \sin u_2$	$(+)$			(u_2)
$M_{12} \sin u_2$	$(—)$	$N_1(+) - M_{12} \sin u_2$	2 38739 —	
		$= N_2$	9.01227 +	N'_1 93.0525 +
			1.39966 —	$M_{12} \sin u_2$ 25.0994 —
				N_2 67.9531
				$(+)$
N_2	$(+)$		1.83220 $(+)$	
		Strahlablenkung		i_2 5 26 17.4
$: r_2$	$(—)$		2 85552 $(—)$	
$= \sin i_2$		bei der Spiegelung	8.97668	Δi_2 10 52 34.8
$\cdot\, n(-1)$	$(—)$	$= 2\, i_2$	1.83220 $(—)$	$(+)$
				16 46 49.8
$= \sin i'_2$	$(+)$	Vorzeichen:		+
$N'_2 = n\, N_2$		$=$ Vorzeichen N_2		(u_3)
$= -N_2$		$\cdot$ Vorzeichen r_2		Spiegelung!
		$\cdot$ Vorzeichen n		
		$= +$	2.38739 —	16 46 49.8
		$u_3 = u_2 + 2\, i_2$	9.46046 —	—
		$u_3(+)$	1.84785 +	
M_{12}	$(—)$	Spiegelung		(u_3)
$\sin u_3$	$(—)$	$u_3\,(—)$		$M_{23} \sin u_3$ 70.4450 +
$= M_{12} \sin u_3$	$(+)$			
N_3		$N_3 = N_2 + M_{12} \sin u_3$	0 39653 +	$N'_2 = -N_2$ 67.9531 —
$: r_3$	$(+)$	$= M_{12} \sin u_3 + (-N_2)$	2.66932 +	2.4919 +
$= \sin i_3$		$u_4 = u_3 + \Delta i_3$	7.72721	
$\cdot\, n$	$(+)$	$s'_3 = r_3 - \frac{N'_3}{\sin u_4}$	17774 +	i'_3 0 27 37.3
$= \sin i'_3$			7.90495	i_3 0 18 20.6
$\cdot\, r_3$			2 66932	Δi_3 0 9 16.7
$= N'_3$			0.57472	$(+)$
			0.57472 +	16 37 33.1
			9.45655 —	—
			1.11772 —	(u_4)
				r_3 467.00 +
				$\frac{N'_3}{\sin u_3}$ 13.113+
				s'_3 480.113 +

Beispiel: Negativer Manginspiegel

Paraxiales Schema

$$\begin{matrix} r_1 \\ (r_3) \end{matrix} \Bigg(d \Bigg(r_2 \longrightarrow s_1 \textit{ (positiv)}$$

1 $s_1(+)$	$n-1(+)$ $:r(+)$	$\dfrac{n}{\dfrac{1}{s_1}+\dfrac{n-1}{r_1}} =$	$s'_1(+)$ $d(-)$ $= s_2$
$\dfrac{1}{s_2}(+)$	$-2(-)$ $:r_2(+)$	$\dfrac{1}{\dfrac{1}{s_2}-\dfrac{2}{r_2}} =$	s'_2 — oder + je nachdem $-d$ $\quad \left\lvert\dfrac{2}{r_2}\right\rvert \gtrless \left\lvert\dfrac{1}{s_2}\right\rvert$ $= s_3$
$\dfrac{n}{s_3}$	$1-n(-)$ $:r_3 = -r_1$	$\dfrac{1}{\dfrac{n}{s_3}+\dfrac{n-1}{r_1}} =$	s_3

Numerisches Beispiel

$n = 1.80518\ (25652)$ $r_1\ 250.0\ (+)$ $r_2\ 345.775\ (+)$ $r_3\ 250.0\ (-)$ $d = 10.0$
$n-1 = 0.80518\ (9.90589)$ $s_1 = 121.073$

0.	9.90589 +	0.25652	· · 322070 < +	157.243 +
2.08304 +	2.39794 +	8.05995 +	· · 825960 +	10 —
1.91696 +	7.50795 +	2.19657 +	· 1148030 +	147.243 +
0.	0.30103 —	0.	· · 679157 +	993.85 +
2.16803 +	2.53870 +	7.00268 +	· · 578537 < —	10 —
7.83197 +	7.76233 —	2.99732 +	· · 100620 +	983.85 +
0.25652	9.90589 —	0.	· · 322070 +	
2.99293 +	2.39794 —	7.70376 +	· · 183479 +	197.805 +
7.26359 +	7.50795 +	2.29624 +	· · 505549 +	(+)

Rechenschema für Büschel endlicher Öffnung

Voriges Beispiel mit $u_1 = 16^0\ 37'\ 33''$ (—); $N_1 = 36.4806$ (56205) — M_{12} 105,775 (02438) (+) log n 0.26191

Numerisches Beispiel:

u_1	
N_1	1.56205 —
r_1	2.39794 +
sin i_1	9 16411
n	0.26191 —
sin i'_1	8.90220
r_1	2 39794
N'_1	1.30014 —
M_{12}	2.02438 +
sin u_2	9.34596 —
N_2	1.37034 —
r_2	1.63768 —
i_2	2.53870 +
n (— 1)	9.09898
N'_2	= — N_2
M_{12}	2.02438 +
sin u_3	8.45016 —
	0.47454 —
N_3	1.60678 +
$r_3 = -r_1$	2.39794 —
i_3	9.20884
n	0.26191 +
i'_3	9.47075
r_3	2 39794
N'_3	1.86869 +
: sin u_4	9.21773 —
=	2.65096 —

	16°	37′	33″	
	(—)			
i_1	8	23	25.8	
i'_1	4	34	45.0	
Δi_1	3	48	40.8	
	+			
u_2	12	48	53.2	
	—			
N'_1	19.9591 —			
M_{12} sin u_2	23.4606 —			
N_2	43.4197 —			
i_2	7	12	54 8	
Δi_2	14	25	49.6	
	+			
u_3 =	1	36	56.5	
	+			
Spiegelung!				
u_3	1	36	56.4	
	—			
N'_2	43.4197 —			
M_{12} sin u_3	2.98222 —			
N_3	40.43748			
i'_3	17	11	44	
i_3	9	18	30.4	
Δi_3	7	53	13.6	
	—			
u_4	9	30	10	
	—			
r_3	250.0 —			
$\frac{N'_3}{\sin u_4}$	447 67 +			
s_3	197.67 +			

Zur Übung seien die Radien und die Dicke eines Manginspiegels angegeben:

Negativer Spiegel: (Öffnungsverhältnis 1 : 1) $r_1 = +100$, $d = 8.0$, $r_2 = 143.8$, $r_3 = r_1$ Ø 100.00 $n_D = 1.50000$ $f' = -100.38$ $s'_k = -105.174$.

Man rechne ihn auch als positiven Spiegel, aber dann mit $d = 4.0$. Beide Spiegel sind für das ungewöhnliche Öffnungsverhältnis 1 : 1 sphärisch gut korrigiert. Man probiere durch Radien- oder Dickenänderung bei beiden Spiegeln die Schnittweiten für $h = 0$ (paraxialer Strahl) und $h = 50$ (volle Öffnung) einander gleich zu machen und ermittle den größten Wert der Aberration zwischen beiden Einfallshöhen.

Man wird erkennen, daß die sphärische Aberration der Schnittweiten sich beheben läßt, aber nicht die Aberration der Brennweiten. Die Sinusbedingung ist nicht erfüllbar. Die Brennweite nimmt ähnlich wie beim Parabolspiegel mit der Einfallshöhe zu. Beim Öffnungsverhältnis 1 : 1 etwa 2%.

Eine Kombination aus einem positiven und einem negativen Manginspiegel ermöglicht die Konstruktion eines Objektivs 1 : 2.0 mit guter chromatischer und sphärischer Korrektion, ferner Erfüllung der Sinusbedingung, ausgenommen die äußerste Zone.

6. Linsen bester Form

Die sphärische Aberration einer Linse hängt bei konstanter Öffnung und Brennweite von zwei Faktoren ab: 1. Dem Radienverhältnis, 2. der Stellung der Linse zur Lichtrichtung (Aufeinanderfolge der Radien). Das gleiche gilt von der Koma. Sowohl die Koma wie die sphärische Aberration sind Funktionen der Radien r_1, r_2, des Brechungsindex n und der Lichtrichtung. Die Formeln lassen sich auf Grund des Brechungsgesetzes ableiten, sind aber äußerst verwickelt. Unter vereinfachenden Annahmen, insbesondere auch Vernachlässigung der Dicke, kann man die Linsenformen errechnen, bei denen diese Fehler ein Minimum sind.

Für das Minimum der sphärischen Aberration bei parallel einfallendem Strahlenbündel gilt nach CHWOLSON:[1]

$$\frac{r_1}{r_2} = -\frac{4 + n - 2n^2}{2n^2 + n} \qquad r_1 \text{ ist stets positiv.}$$

Aus dieser Formel ergibt sich für verschiedene Werte von n

$$n = 1.5 \qquad \frac{r_1}{r_2} = -\frac{1}{6} \text{ oder } r_2 = -6 \cdot r_1 \qquad \text{(bikonvex)}$$

$$n = 1.6 \qquad \frac{r_1}{r_2} = -\frac{1}{14} \text{ oder } r_2 = -14 \cdot r_1 \qquad \text{(bikonvex)}$$

$$n = 1.685 \qquad \frac{r_1}{r_2} = -0 \text{ oder } r_2 = \infty \qquad \text{(plankonvex)}$$

$$n = 1.80 \qquad \frac{r_1}{r_2} = +\frac{1}{12.17} r_2 = +12.17\, r_1 \qquad \text{(Meniskus)}$$

[1] Das zulässige Öffnungsverhältnis der Linsen wird nicht angegeben, es dürfte aber 1 : 8 kaum überschreiten.

Für die komafreie Linse gilt, wenn die Blende mit der Linsenmitte zusammenfällt.

$$\frac{1}{r_1} = \frac{1}{f}\frac{n^2}{n^2 - 1} - \frac{1}{s_1}\frac{2n+1}{n+1}$$

$$\frac{1}{r_2} = \frac{1}{f}\frac{n^2 - n - 1}{n^2 - 1} - \frac{1}{s_1}\frac{2n+1}{n+1}$$

s_1 ist der Abstand der Objektebene. Ist $s_1 = \infty$, so erhalten wir für $n = 1.5$: $r_1 = +\frac{5}{9}f$ $r_2 = -\frac{5}{3}f$, also beispielsweise für $f = 90$ eine bikonvexe Linse $r_1 = +50$, $r_2 = -150$.

7. *Der Schmidtspiegel*

Der sphärische Hohlspiegel erzeugt Bilder mit fehlerbehafteter Strahlenvereinigung sowohl auf der Achse als auch außerhalb derselben, d. h. es ist sphärische Aberration und Koma vorhanden. Außerdem tritt für die schiefen Büschel noch Astigmatismus auf. Der Astigmatismus kann dadurch vermieden werden, daß die Eintrittspupille an den Ort der natürlichen GLEICHENschen Blende, also in den Krümmungsmittelpunkt verlegt wird. (H. J. GRAMATZKI, „Hilfsbuch der astronomischen Photographie 1930 S. 36).

Abb. 59a

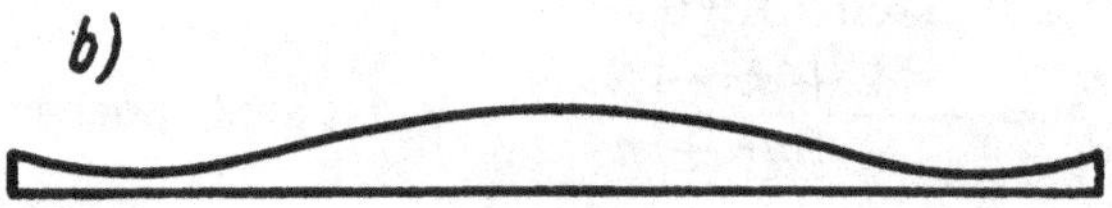

Abb. 59b

Es war eine geniale Idee des Optikers Bernhard SCHMIDT, an eben diese Stelle eine Korrektionslinse, die nach ihm benannte SCHMIDTsche Korrektionsplatte, anzuordnen, durch welche die sphärische Unterkorrektion und damit auch die Koma vollkommen aufgehoben wird. Sie ist eine nur bei aufmerksamer Betrachtung von einer Planplatte zu unterscheidende Linse, deren Oberfläche eine Kurve höheren Grades aufweist. Im meridionalen Schnitt der Platte erkennt man, daß die achsennahen Zonen sammelnd wirken, diese Wirkung aber mit größer werdendem Abstand von der Achse immer mehr abnimmt, um am Rande zu verschwinden (Abb. 59a), oder bei von vornherein schwächerer sammelnder Wirkung in Achsennähe am Rande in eine Zerstreuende überzugehen (Abb. 59b). Die in der Figur stark übertriebenen Dickenunterschiede bzw. Vertiefungen betragen im allgemeinen nur einige Hundertstel Millimeter. Die Platte wird hergestellt, indem man eine Glasscheibe von etwa dem Durchmesser des sphärischen Hohlspiegels mit ihrem Rande luftdicht auf die Stirnfläche eines zylindrischen Rings legt und durch Auspumpen der Luft die Scheibe um einen sehr geringen Betrag h durchbiegt, die Platte nun entweder plan schleift und poliert oder, was besser ist, mit einer sehr flachen sphärischen Krümmung versieht.

Von Dr. WEBER sind sehr einfache Formeln entwickelt worden, um zu einem sphärischen Spiegel vom Krümmungsradius R und gegebener Öffnung die erforderliche Durchbiegung h der Platte in der Mitte berechnen zu können.[1] Für den Brechungsindex $n = 1.5$, POISSONsche Konstante $m = 4$ und einen Auflageradius r der Glasplatte ist

$$h = 2.1 \frac{r^4}{R^3}$$

Die Pfeilhöhe h_{Kugel} der einzuschleifenden Kugelkalotte ergibt sich aus der Formel

$$h_{\text{Kugel}} = 1.85 \frac{r^4}{R^3}$$

Diese Werte müssen, um sie vom Rande aus messen zu können, auf den Radius r' des Außenrandes der Scheibe umgerechnet werden. Es ist hinreichend genau, wenn man h und h_{Kugel} mit $\frac{r'^2}{r^2}$ multipliziert. Der Kugelschleifkopf ist flacher gekrümmt, als es der Durchbiegung der Scheibe entspricht, er greift also zuerst am Rande an. Näheres ist der unten angegebenen Literaturstelle zu entnehmen. Der dortselbst nicht angegebene Krümmungsradius r_s des Schleifkopfes läßt sich trigonometrisch errechnen aus h' und r'. Eine gute Annäherung ist

$$r_s = \frac{r'^2}{2\,h'}$$

8. *Die Barlowlinse*

Die Aufgabe, optische Systeme langer Brennweite zu konstruieren, bei denen der Abstand von der Eintrittspupille bis zum Bilde wesentlich kürzer ist als die Brennweite, wird gelöst durch Anordnung einer negativen Linse hinter einem reell abbildenden System, das meist aus

[1] F. OHLMÜLLER, Die Herstellung einer Schmidtkamera „Die Sterne“, 1942, Heft 7, S. 97 u. f.

einem Achromaten oder einem Hohlspiegel besteht und eine relativ kurze Brennweite besitzt. Man nennt eine solche Linse eine BARLOW-linse. Der Vorzug solcher Kombinationen liegt besonders bei Fernaufnahmen auf der Hand. Ein normales Objektiv von z. B. 4 m Brennweite erfordert einen mindestens ebenso langen Tubus, der im Gebrauch höchst unbequem wäre und kaum erschütterungsfrei und windfest aufzustellen ist. Mit Hilfe einer BARLOWlinse kann man ein solches System mit einer Baulänge von einem Meter konstruieren.

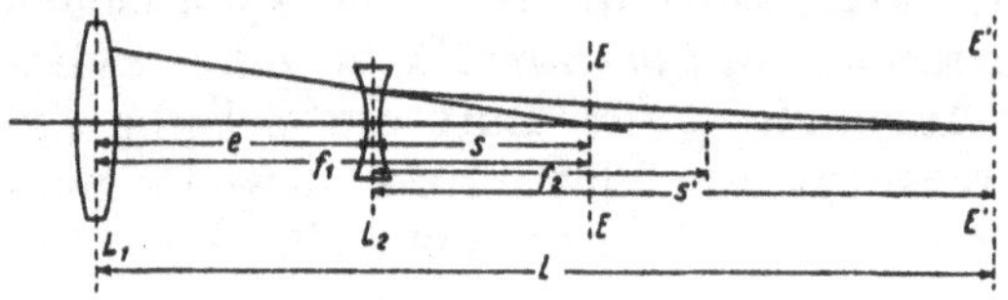

Abb. 60

L_1 ist das reell abbildende System von der Brennweite f. Im Abstande e hinter L_1 liegt die BARLOWlinse L_2 von der Brennweite f'_2 (negativ). Bedingung dafür, daß die Abbildung durch die Kombination wiederum reell wird, ist $s = f_1 - e < f_2$ (siehe Abb. 60).

Die Baulänge l des Systems wird bestimmt durch f_1 und die Bildverschiebung a, also den Abstand des ursprünglichen, nun von L_1 erzeugten Bildes in der Ebene EE, von dem neuen vergrößerten in der Ebene $E'E'$.

Es sei m der Brennweiten-Verlängerungsfaktor (Multiplikator), dann lassen sich mit folgenden Formeln praktisch alle konstruktiven Fragen beantworten. (Das negative Vorzeichen von f_2 ist bereits berücksichtigt).

$$s' = m \cdot s = (m - 1) f_2 = \frac{s f_2}{f_2 - s}\,; \quad s = \frac{m-1}{m} f_2$$

$$f_2 = \frac{s'}{m-1} = \frac{m \cdot s}{(m-1)} = \frac{a \cdot m}{(m-1)^2}$$

$$m = \frac{s'}{s} = \frac{f_2}{f_2 - s} = \frac{f_2 + s'}{f_2}$$

$$a = \frac{(m-1)^2}{m} f_2 \qquad a = s' - s$$

Das Gesichtsfeld solcher Kombinationen ist stets klein. Man gehe bei Verwendung einfacher verkitteter BARLOWlinsen nicht über einen totalen Bildwinkel von 12° hinaus, also 6° zu beiden Seiten der Achse hinter der BARLOWlinse. Der Winkel wird auf den Scheitel der BARLOW-linse bezogen.

Die Berechnung einer BARLOWlinse ist keine so einfache Aufgabe, da die Längsaberrationen (sphärische und chromatische) mit m² multipliziert werden. Eine Aberration von 0.5 mm im primären System (Objektiv) kann bei $m = 5$ also unter Umständen 25fach vergrößert werden. Ein aberrationsfreier Punkt (bei Kombination der BARLOWlinse mit einem Parabolspiegel) kann bei ungeeigneter Beschaffenheit der BARLOWlinse mit erheblicher Überkorrektion abgebildet werden.

BARLOWlinsen, die für Achromate (Refraktoren) berechnet sind, können nicht für Hohlspiegel verwendet werden. Solche für parabolische Spiegel sind wiederum nicht verwendbar für sphärische. Die BARLOWlinse muß dem primären System, dessen Brennweite sie verlängern soll, angepaßt werden.

Die BARLOWlinse erzeugt Verzeichnung, die zum Teil beträchtlich werden kann. Man berechne sie auf jeden Fall.

Eine Konstruktion, die für sich praktisch verzeichnungsfrei und für parabolische Hohlspiegel berechnet ist, aber durch Einsetzen entsprechender Gläser auch für Achromate umkonstruiert werden kann, ist folgende:

$f = -99.5$ Ø 32; r_1 571.30 (+) d_1 5.0, Kittradius $r_{2/3}$ — 40.67, $d_2 = 1.00$ r_4 35.00 +.

Sie besteht also aus einer bikonvexen Linse, Glas: F_4 und einer mit ihr verkitteten bikonkaven, Glas K_7. (Beim negativen Achromaten sind bekanntlich die ν-Werte umgekehrt wie beim positiven). Stellung der Linse: Der flache Radius ist dem Lichte zugewendet, das sekundäre Bild liegt hinter der Hohlfläche.

Das Öffnungsverhältnis, mit welchem die BARLOWlinse beansprucht wird, wenn A_1 dasjenige des Objektivs ist, ist $A_2 = \frac{m-1}{m} \cdot A_1$.

Genauso, wie man die Brennweite eines Systems mit Hilfe einer Negativlinse verlängern kann, kann man sie mit Hilfe einer positiven Linse (SHAPLEYlinse) verkürzen und auf diese Weise zu einem System höherer Lichtstärke gelangen. Das Gesichtsfeld ist allerdings klein. Bei der Konstruktion gehe man vom Typus des aplanatischen Meniskus aus.

9. *Sucher und Vorsatzlinse*

Die Sucher

Der gebräuchlichste Sucher ist der sogenannte GALILEIsche. Er ist nichts anderes als ein GALILEIsches Fernrohr, das, um große Winkel zu erfassen, umgekehrt gebraucht wird (s. Abb. 61).

Der zu erfassende größte Bildwinkel $2\varphi_0$ wird bestimmt durch die Brennweite F des Aufnahmeobjektivs und die Diagonale Δ des Bildformates.[1]

[1] Der Augenabstand ist vernachlässigt. Das theoretisch errechnete Format der Negativlinse ist also etwas zu klein. Da die GALILEIsucher fast immer ohne einstellbares Okular gebaut werden, der Augenabstand überdies individuell sehr verschieden ist (Brillenträger!) ist die Berücksichtigung desselben in den Formeln nicht einwandfrei möglich.

Es ist

$$\operatorname{tg} \varphi_0 = \frac{\triangle}{2F}$$

Damit wird

$$H = f_1 \cdot \operatorname{tg} \varphi_0 = f_1 \cdot \frac{\triangle}{2F}$$

f_1 ist die Brennweite der negativen Linse L_1. Das von dieser Linse in ihrer Brennebene *EPE* entworfene Bild wird mit Hilfe der positiven Okularlinse L_2 betrachtet. Man soll sie unbedingt verstellbar, also fokussierbar einbauen, weil sonst 90% aller Benutzer das Bild in *EPE*

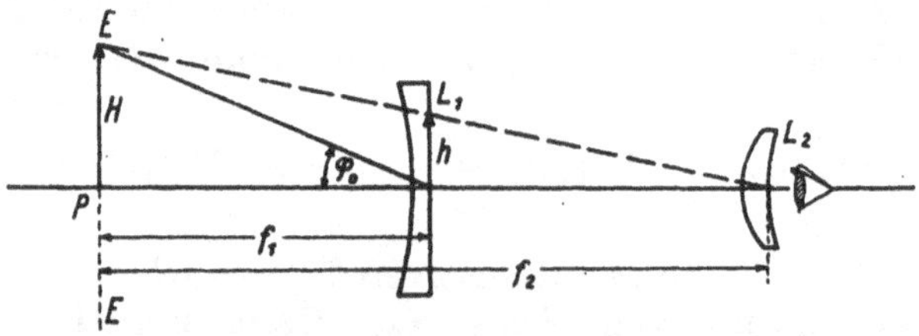

Abb. 61

nie scharf sehen. Fast kein GALILEIsucher hat ein solches einstellbares Okular. Die Brennweite f_2 der Linse L_2 ist frei wählbar und richtet sich nach der Baubreite bzw. Länge der Kamera, welche die Länge $f_2 - f_1$ des Suchers bestimmt. Die Negativlinse erhält einen rechteckigen Bildrahmen in den Proportionen des Bildformates mit der Diagonale $2h$:

$$h = H \frac{f_2 - f_1}{f_2} = \frac{f_1}{f_2} \cdot \frac{f_2 - f_1}{2F} \cdot \triangle \qquad (6)$$

Für die Konstruktion eines Suchers liegen folgende Daten vor:

1. e, die zulässige Baulänge des Suchers $= f_2 - f_1$
2. H_0, die vertikale Höhe des Bildformates des Photoapparates, also Mitte — oberer Rand
3. F_{0b} die Brennweite des Objektivs.

Man wählt nun die Größe der negativen Sucherlinse, was von der Apparatkonstruktion abhängt. Je größer, je besser. Dadurch ergibt sich auch h, die halbe vertikale Höhe der viereckigen Negativlinse. Die horizontale ist damit automatisch gegeben durch das Verhältnis von Höhe und Breite des Apparatbildes. Dann haben wir

$$f_1 = \frac{e \cdot h}{\frac{H_0}{F_0} \cdot e - h}$$

Man stelle den Sucher beim Einbau so, daß seine optische Achse die des Apparates in etwa 4 bis 5 Meter Entfernung schneidet, also *nicht* parallel verläuft. Die meisten Aufnahmen macht der Amateur mit dieser Objektentfernung und erhält bei parallelem Sucher stets ein nach oben verschobenes Bild auf der Platte (Parallaxenfehler). Der Sucher braucht deshalb nicht schräg zu stehen, es genügt, die Negativlinse parallel zu sich selbst um den Betrag v nach abwärts zu verschieben.

$$v = e \cdot \frac{a}{E}$$

a ist der senkrechte Abstand zwischen Sucherokular und optischer Achse des Apparates, $E = 4000$ bis 5000 mm. (Alle Maße in mm!) Beispiel $e = 72 \quad a = 50 \quad E = 4000 \quad v = 0{,}9$ mm.

Selbstverständlich kann der GALILEIsucher auch umgekehrt verwendet werden (s. Abb. 62), wenn er in Verbindung mit *langen* Brennweiten bei kleinem Bildformat gebraucht wird. Vorteil: Vergrößertes Bild des Objekts. In diesem Falle ist

$$\operatorname{tg}\varphi_0 = \frac{\triangle}{2F} \qquad H = f_2 \operatorname{tg}\varphi_0 = f_2 \cdot \frac{\triangle}{2F} \qquad h = H\frac{f_2 - f_1}{f_2} = \frac{f_2 - f_1}{2F} \cdot \triangle \quad (7)$$

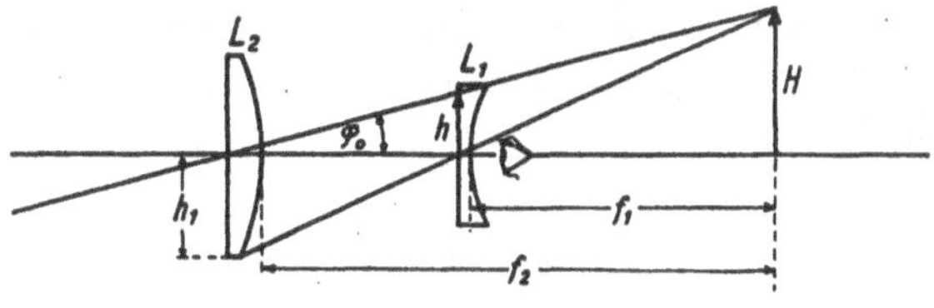

Abb. 62

F ist die (lange) Brennweite des Objektivs, h hat bei Beobachtung des Bildes mit dem Auge bei A keine Bedeutung, aber h ist von Bedeutung, wenn der Sucher nach beiden Richtungen benutzt werden soll, was sich dann aus Abb. 63 ergibt. Wird er nur in obiger Richtung verwendet, so ist

$$h_1 = H \cdot \frac{f_2 - f_1}{f_1} = \frac{f_2}{f_1} \cdot \frac{f_2 - f_1}{2F} \cdot \triangle \qquad (7a)$$

$\frac{f_2}{f_1}$ ist die Vergrößerung des Fernrohres.

Benutzt man den Sucher *nach beiden Richtungen* für *gleiches* Bildformat, aber zwei Brennweiten F_{kurz} und F_{lang}, so muß die Bedingung erfüllt werden:

$$\frac{h_1}{h_2} = \left(\frac{f_1}{f_2}\right)^2 \frac{F_{\text{lang}}}{F_{\text{kurz}}}$$

Nachteil des GALILEIsuchers: Bei scharf eingestelltem Bilde (Objekt im Unendlichen) ist der Bildrahmen niemals scharf zu sehen. Abhilfe: Sehr kleine Okularblende (1,0 mm Öffnung).

Verzeichnungscharakter der Linsen und des Suchers (s. Abb. 62):

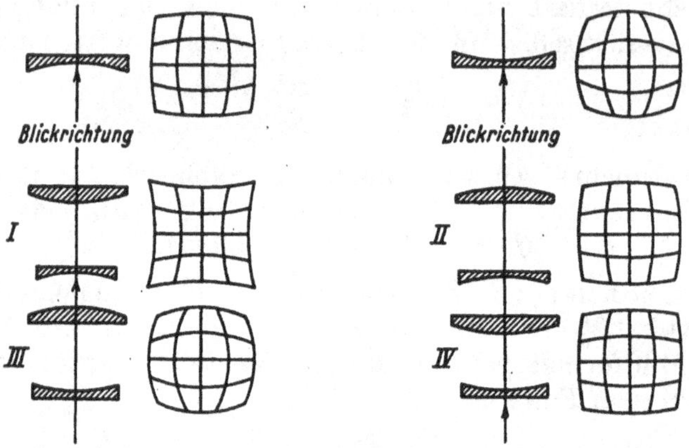

Abb. 63

Bei der eingezeichneten Blickrichtung ergibt die Stellung III der Linsen die größte Verzeichnung. In der umgekehrten Blickrichtung ist die Verzeichnung geringer und fast durchweg tonnenförmig. Stellung III ist dann relativ die beste.

Die Vorsatzlinse

a) Die negative Linse als Vorsatzlinse (Abb. 65)

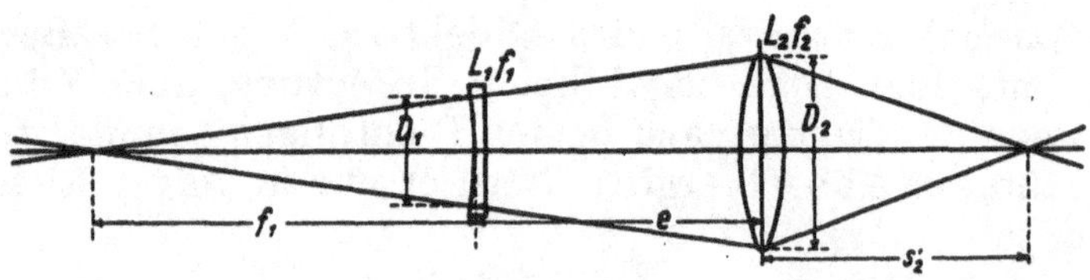

Abb. 64

Die äquivalente Brennweite F_{12} berechnet sich nach der Formel

$$F_{12} = \frac{-f_1 \cdot + f_2}{-f_1 + f_2 - e} = \frac{f_1 f_2}{(f_1 + e) - f_2} \qquad (8)$$

Die Schnittweite s_2' aber ist

$$s_2' = \frac{s_2 f_2}{s_2 - f_2} = \frac{(f_1 + e) f_2}{(f_1 + e) - f_2}$$

sie ist also, falls das System ein positives bleibt, um den Betrag

$$\frac{e f_2}{(f_1 + e) - f_2} \text{ größer als die Brennweite } F_{12}.$$

Für $e = f_2$ wird $F_{12} = f_2$, aber

$$s_2' = f_2 \left(1 + \frac{f_2}{f_1}\right), \quad \text{d. h.} \tag{9}$$

die in der vorderen Brennebene einer Sammellinse angeordnete Negativlinse ändert *nicht* deren Brennweite, wohl aber die Schnittweite. Man wendet diese Tatsache praktisch an, um ohne Änderung der Brennweite eines Objektivs Platz zwischen letzter Linse und Film zu gewinnen. Das ist wichtig, wenn kurze Brennweiten verwendet werden sollen und zwischen Objektiv und Film Spiegel oder Prismen angeordnet werden.

Lichtstärke

Wird die volle Öffnung D_2 des Objektivs ausgenutzt, so wird die Vorsatzlinse nur mit der Öffnung $D_1 = D_2 \frac{f_1}{f_1 + e}$ gebraucht.

Die Lichtstärke der Kombination aber ist dann:

$$\frac{D_1}{F_{12}} = \frac{D_2 \frac{f_1}{f_1 + e}}{\frac{f_1 \cdot f_2}{(f_1 + e) - f_2}} = \frac{D_2}{f_2}\left(1 - \frac{f_2}{f_1 + e}\right) < \frac{D_2}{f_2} \tag{10}$$

Ist f_2 sehr klein im Verhältnis zu f_1 und e, so ist die Verminderung der Lichtstärke kaum zu bemerken. Bei unveränderter Brennweite $F_{12} = f_2$, also $e = f_2$ ist die Lichtstärke

$$\frac{D_1}{F_{12}} = \frac{D_2}{f_2} \cdot \frac{f_1}{f_1 + f_2} = \frac{D_2}{f_2} \cdot \frac{1}{1 + f_2/f_1} \tag{11}$$

Man wird also mit Rücksicht auf die Lichtstärke f_1 möglichst groß wählen.

b) *Die positive Linse als Vorsatzlinse*

Da sie praktisch ausschließlich zur Aufnahme kleinerer Objekte aus kurzer Entfernung benutzt wird, beschränken wir uns auf diesen Fall. Das Objekt H_1 befindet sich in der vorderen Brennebene der Vorsatzlinse L, ihr Abstand e vom Objektiv soll so klein wie möglich sein.

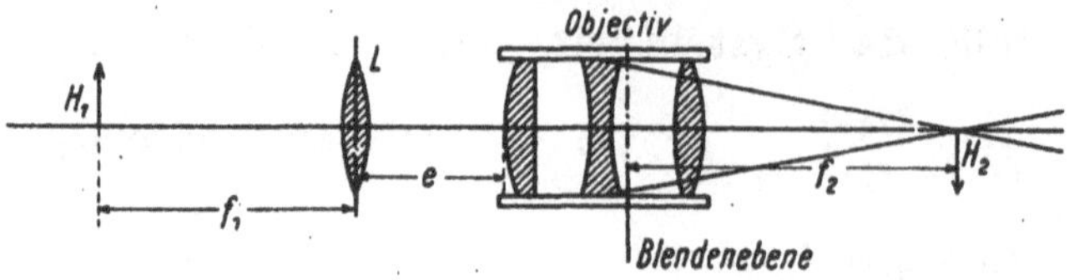

Abb. 65

Das Bild von H_1 ist dann $H_2 = H_1 \frac{f_2}{f_1}$. Das Objektiv ist auf ∞ eingestellt. Es ist dann die

$$\text{Brennweite } F_{12\,(e=0)} = \frac{f_1 \cdot f_2}{f_1 + f_2}$$

$$\text{Lichtstärke} \quad \frac{D_1}{F_{12}} = \frac{D_2}{F_{12}} = \frac{D_2}{f_2}(1 + f_2/f_1) \tag{12}$$

Diese ist größer geworden, aber dies gilt nur, wenn die Kombination für ∞ entfernte Objekte verwendet werden würde, was hier nicht der Fall ist. Praktisch ist die Lichtstärke etwas geringer als die des Objektivs ohne Vorsatz, und zwar wegen der Reflexionsverluste in der Vorsatzlinse L.

Entfernungsmesser

Mit der Objektiveinstellung gekuppelte Koinzidenz-Entfernungsmesser werden nach drei Prinzipien konstruiert:

a) *Spiegelentfernungsmesser* mit drehbarem Einstellspiegel (s. Abb. 66).

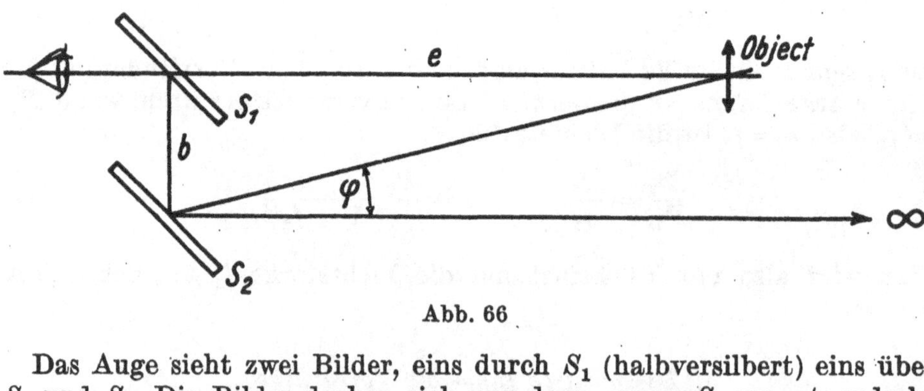

Abb. 66

Das Auge sieht zwei Bilder, eins durch S_1 (halbversilbert) eins über S_2 und S_1. Die Bilder decken sich nur dann, wenn S_2 um $\varphi/_2$ gedreht wird, wobei $tg\ \varphi = b/e$ ist. Die Kurve am Hinterteil der Objektivfassung steuert die bis zur Koinzidenz notwendige Drehung von S_2.

Prinzipieller Fehler: Bei kurzen Entfernungen (b gegenüber e nicht zu vernachlässigen) sind die beiden Bilder *nicht* gleichgroß! (Deckungsfehler).

b) Drehprismen

Zwei Prismen P_1 und P_2 ergänzen sich zu einer planparallelen Platte (siehe Abb. 67).

Dreht man sie um gleiche Winkel gegeneinander, so geben sie die Wirkung eines Prismas, dessen brechender Winkel bei 180^0 gegenseitiger Verdrehung gleich $2\,\alpha$ wird. Die Ablenkung dieses Prismas kann genau wie die obige Spiegeldrehung zur Herbeiführung der Koinzidenz der Bilder benutzt werden. Bei schwachen Winkeln $\varphi_{\text{max.}} = 2\,\alpha = 10^0$ ist die Ablenkung gleich $(n - 1) \cdot \varphi$. Die Ablenkungsformel ist für größere Winkel komplizierter.

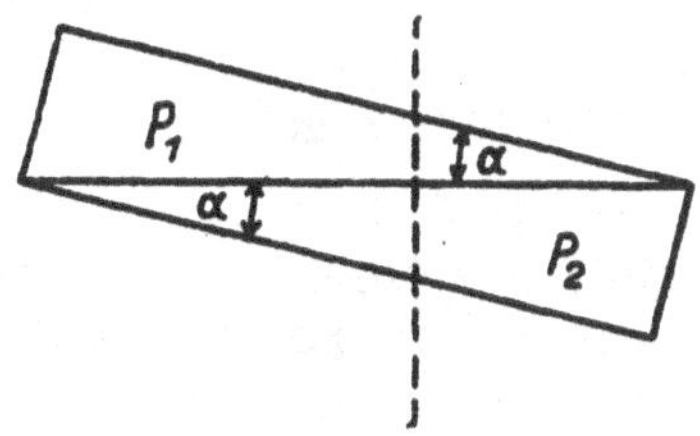

Abb. 67

C) Negativlinse

Zwei Galileisucher $L_1 L_2$ und $L'_1\ L_2$ (Abb. 68) werden mit Hilfe eines halbversilberten Spiegels S kombiniert. Die Negativlinse L'_1 kann seitlich senkrecht zur Blickrichtung a_2 verschoben werden. L_1 steht in der festen Blickrichtung a_1. Durch L_2 wird beobachtet. Die parallaktische Verschiebung der Bilder wird durch Gegenverschiebung der Linse L'_1 kompensiert und Bilddeckung herbeigeführt. L'_1 kann kleiner sein als L_1, so daß die Kombination sowohl als Sucher wie als Einstellgerät benutzbar ist.

L'_1 wird durch die Einstellbewegung des Objektivs gesteuert.

d) Zu den Drehprismen gehört das *Linsenprisma*. In der Nullstellung bilden zwei plankonvex- bzw. plankonkavgeformte Linsen, L_1 und L_2 (Abb. 69) eine Planparallelplatte.

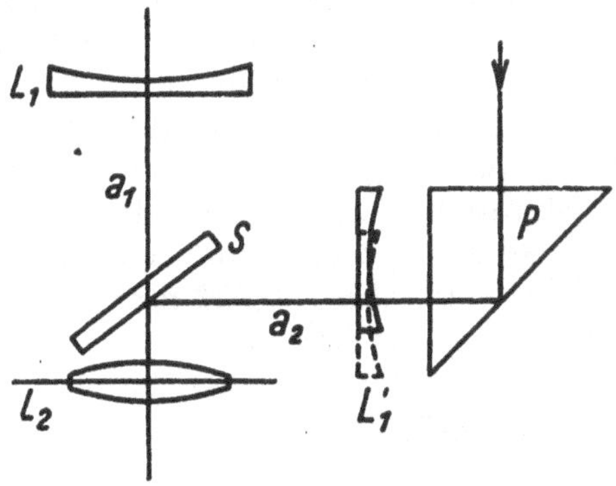

Abb. 68

Abb. 69

Durch Drehung um den gemeinsamen Krümmungsmittelpunkt verwandeln sie sich in einen Keil vom Winkel α. Die Drehung wird vom Objektiv aus gesteuert.

Schlußbemerkung: Infolge der Beziehung $\triangle s' = \frac{f^2}{s-f}$, wo $\triangle s'$ die zur Einstellung auf die Entfernung s erforderliche Bewegung des Objektivs ist, kann eine linear verlaufende Steuerkurve (Schraubenlinie) am Hinterende des Objektivs nicht für alle Entfernungen die richtige Einstellung ergeben.

Beispiel: Objektiveinstellgewinde (Schnecke) 6 mm für 360°, Brennweite des Objektivs $f = 100$. Für dieses Objektiv sei der Entfernungsmesser konstruiert. Der Spiegelsteuerhebel gleitet auf dem kurvenlosen Hinterende des Objektivs und wird um den vollen Betrag der Objektiveinstellverschiebung bewegt. Wir machen eine Einstellung von $s = 2100$ mm bis ∞, dann wird

$$\triangle s_{100}' = \frac{f^2}{s - 100} = 5{,}0$$

entsprechend einer Drehung des Objektivs um 300°. Nun soll in der gleichen Kamera ein Objektiv mit $f = \sqrt{2} \times 100 = 141$ mm benutzt werden. Hier wird $\triangle s'_{141}$ für eine Verstellung auf $s = 2100$ mm gleich 10,2 mm. Wir brauchen also eine Zusatzsteigung von 5,2 mm auf 300° also eine Steigung von 6,24 mm auf 360°. Das Objektiv mit $f = 100$ braucht nun zur Einstellung von ∞ auf $s = 4100$ mm eine Verschiebung von 2,5 mm, entsprechend 150° Objektivdrehung. Auf diese Verschiebung ist der Steuerhebel für die Einstellung $s = 4{,}1$ m geeicht. Für das 2. Objektiv von $f = 141$ mm Brennweite mit 6,24 mm zusätzlicher Steigung ist die notwendige Verschiebung $s'_{4100} = 5{,}052$ mm. Bei Drehung um 150° wirkt die 6,24 mm-Zusatzsteigung mit + 2,6 mm, als Gesamtverschiebung ergibt sich deshalb also 2,6 mm + 2,5 mm = 5,10 mm statt 5,052 mm. Dieser Fehler macht sich bemerkbar, wenn z. B. das Grundobjektiv der Kamera 55 mm Brennweite hat und wenn man, um ein Objektiv mit $f = 200$ mm in der gleichen Kamera zu benutzen, die zusätzliche lineare Steigung anbringen läßt.

Der anamorphotische Vorsatz

Die Zylinderlinsen L_1 und L_2 (Abb. 70) bilden ein auf ∞ eingestelltes GALILEIsches Fernrohr. Es wirkt auf der Zeichnung nur in der *senkrechten* Ebene als Fernrohr, in der waagerechten nur als zwei Fensterscheiben (siehe schraffierten waagerechten Querschnitt). Für ∞ ferne Objekte wird also der Abbildungsmaßstab in *einer* Ebene geändert, in der dazu senkrechten aber nicht. Das Objektiv bildet also Quadrate als Rechtecke, Kreise als Ellipsen ab. Praktische Anwendung: Optisches Umkopieren von Tonaufzeichnungen von Normalfilmen auf Schmalfilm.

Hierbei muß noch ein optisches Glied eingefügt werden, welches das in diesem Falle sehr nahe Objekt im ∞ abbildet.

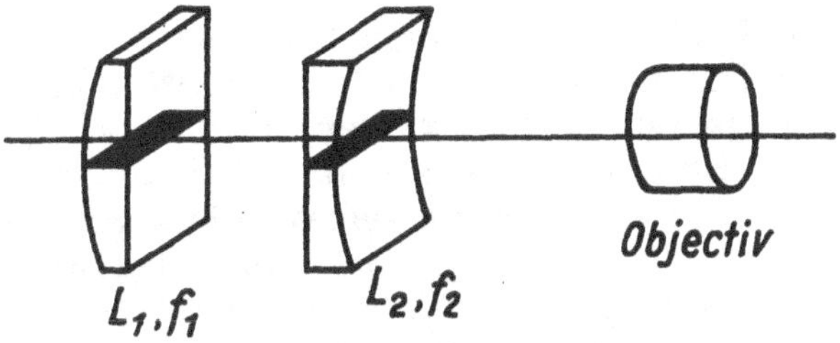

Abb. 70

Theorie und Konstruktion der anamorphotischen Systeme mit Beispielen

Unter einem anamorphotischen optischen System versteht man eine reell oder virtuell abbildende Optik, deren Brennweite und damit auch Abbildungsmaßstab in zwei zueinander senkrechten Ebenen verschieden ist. So bildet ein anamorphotisches System einen Kreis als Ellipse, ein Quadrat als Rechteck ab. Es bietet eine solche Optik also auch die Möglichkeit, Lichtquellen in einer Form abzubilden, die eine weit bessere Ausnutzung des Filmfensters bei seiner Ausleuchtung ermöglichen, als bei normaler optischer Abbildung, bei der das Bild dem Objekte stets ähnlich ist. Auch für die Umkopierung des Tonbildstreifens z. B. von Normalfilm auf Schmalfilm, sind anamorphotische Systeme unerläßlich.

Zur Verwirklichung der anamorphotischen Abbildung bedient man sich in erster Linie der Zylinderlinsen. Mit ihrer Hilfe ist es möglich, in einer Ebene allein die Brennweite zu ändern, ohne sie in der dazu senkrechten Ebene zu beeinflussen. Dies ist leicht aus Abb. 71 ersichtlich, in welcher zwei zueinander senkrechte Schnitte durch eine positive Zylinderlinse dargestellt sind.

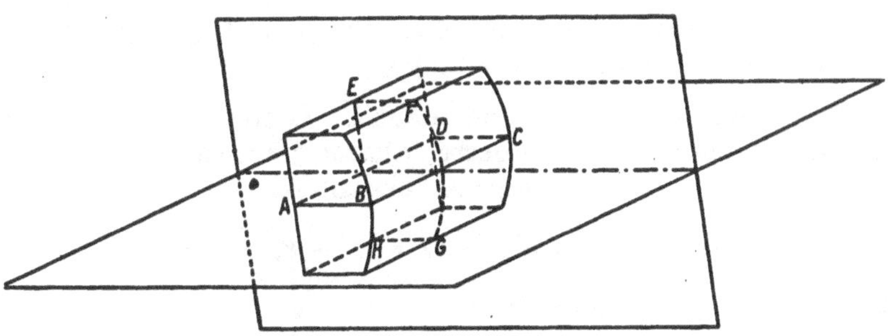

Abb. 71

Der waagerechte Schnitt *ABCD* ist gleich dem Schnitt durch eine planparallele Platte, der senkrechte Schnitt *EFGH* hat das Profil einer Sammellinse.

Mit Hilfe von Zylinderlinsen allein läßt sich prinzipiell schon eine anamorphotische Optik aufbauen, und der Vollständigkeit halber soll diese Möglichkeit zuerst erörtert werden, obwohl bei den eigentlichen anamorphotischen Systemen, wie sie auch bei Tonkopieroptiken Anwendung finden, die Kombination eines sphärischen Linsensystems mit einem zylindrischen die Regel ist. Auch bei anamorphotischen Systemen, welche zur photographischen Variation von Ornamenten dienen, ist stets ein sphärisches System mit einem zylindrischen verbunden.

Die Hauptbedingung bei einem anamorphotischen System ist, daß die Schnittweiten in den beiden zueinander senkrechten Hauptebenen zusammenfallen.

Während die Brennweiten f_H und f_V verschieden sein sollen, sollen aber die beiden Abbildungen in *einer* Ebene liegen.

Da die Brechungen jedoch in den zwei Hauptebenen verschieden sind, entsteht auf diese Weise ein Problem, das bei sphärischen Flächen nicht existiert, da die Brechungen in allen durch die optische Achse gehenden Ebenen gleich sind.

Den einfachsten Fall der anamorphotischen Abbildung nur durch Zylinderlinsen haben wir in Abb. 72. Die Linsen werden schematisch durch ihre vertikalen und horizontalen Hauptschnitte dargestellt.

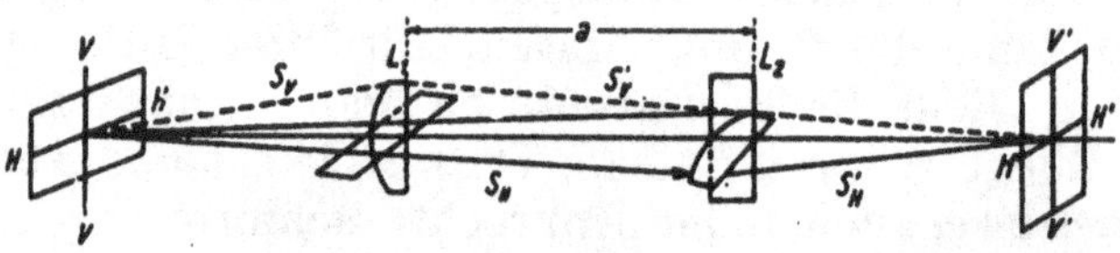

Abb. 72

Die Linse L_1 wirkt in der vertikalen Ebene V_1V des Objektes A, die Linse L_2 in der horizontalen Ebene *HH*.

Die Dicken der Linsen werden nicht in Rechnung gesetzt. Die Bedingung dafür, daß eine definierte, anamorphotische Abbildung vorhanden ist, lautet hier: (Vorzeichen beachten!)

$$s'_V - s_V = s'_H - s_H = a - s_V + s'_H \qquad (2)$$

Daraus

$$s'_V = s'_H + a \qquad (3)$$

$$s_V = s_H + a \qquad (4)$$

Damit sind die Brennweiten der Linsen bestimmt, denn es ist

$$f_V = \frac{s_V \cdot s'_V}{s_V - s'_V} \tag{5}$$

$$f_H = \frac{s_H \cdot s'_H}{s_H - s'_H} \tag{6}$$

Aus (3), (4) und (5) ergibt sich

$$f_V = \frac{(s'_H + a)(s_H + a)}{s_H - s'_H} \tag{7}$$

Das anamorphotische Abbildungsverhältnis, definiert als das Verhältnis des Abbildungsmaßstabes β_V in der vertikalen und β_H in der horizontalen Ebene, ist

$$Q = \frac{\beta_V}{\beta_H} = \frac{\frac{s'_V}{s_V}}{\frac{s'_H}{s_H}} = \frac{s'_V \cdot s_H}{s_V \cdot s'_H} = \frac{(s'_H + a)\, s_H}{(s_H + a)\, s'_H} \tag{8}$$

Im Falle eines unendlich fernen Objektes ($s_H = \infty$) geht die Gleichung (8) über in

$$Q = \frac{s'_H - a}{s'_H} = \frac{s'_V}{s'_H} = \frac{f_V}{f_H} \tag{9}$$

Zur Konstruktion des Systems verfährt man wie folgt:

Gegeben ist in der Regel der Abstand A vom Objekt zum Bild, der vertikale Abbildungsfaktor β_V und der horizontale β_H. Dann sind die Brennweiten

$$f_V = A \frac{\beta_V}{(\beta_V + 1)^2} \qquad f_H = A \frac{\beta_H}{(\beta_H + 1)^2}$$

Es ist gleichgültig, ob die β-Werte $>$ oder $<$ als 1 sind.

Die Aufgabe ist damit gelöst, denn es ergeben sich die Linsenabstände vom Objekt aus den Gleichungen:

$$s_V = f_V \cdot \frac{\beta_V + 1}{\beta_V} \qquad s_H = f_H \cdot \frac{\beta_H + 1}{\beta_H}$$

womit auch $a = s_V - s_H$ gegeben ist.

Handelt es sich dabei um Abbildungen transparenter Objekte unter Verwendung von Kondensoren, so ist sehr darauf zu achten, daß der auf diese Weise dem System aufgezwungene Strahlengang auch demjenigen entspricht, den man der trigonometrischen Durchrechnung zugrunde gelegt hat. Es ist in diesem Falle besser, nach Festlegung des

Systems auf Grund der paraxialen Formeln nunmehr das Beleuchtungssystem zu konstruieren und festzustellen, welche Gebiete der Linsen bei der Abbildung tatsächlich mitwirken. Arbeitet z. B. das Beleuchtungssystem mit der fast punktförmigen Lichtquelle einer Quecksilberhochdrucklampe, die es als kleinen Lichtfleck in den Linsen des anamorphotischen Systems abbildet, so sind selbstverständlich nur die beleuchteten Linsenteile optisch wirksam, und nur Strahlen, die durch diese Teile gehen, sind an der Abbildung beteiligt. Durch Benutzung möglichst kleiner Lichtquellen hoher Leuchtdichte lassen sich bei gleichbleibender Helligkeit der Bilder die Fehler des abbildenden Systems außerordentlich herabsetzen.

Man pflegt die Lichtstärke sphärischer Linsensysteme anzugeben als das Verhältnis des Durchmessers der Eintrittspupille zur Brennweite. Der physikalische Fehler, der in dieser Bezeichnung steckt — denn effektiv ist die Lichtstärke nicht proportional $\frac{D}{f}$, sondern proportional $\left(\frac{D}{f}\right)^2$ — kommt sofort zum Vorschein, wenn wir sie auf anamorphotische Systeme anwenden. Während bei sphärischen Systemen in allen Ebenen nur *eine* Brennweite existiert, haben wir bei den anamorphotischen zwei Brennweiten, aber nur eine einzige Abbildung in einer Ebene. Da der Abbildungsmaßstab proportional der Brennweite ist, in diesem Falle aber in zwei zueinander senkrechten Ebenen zwei verschiedene Brennweiten vorhanden sind, so bietet die richtige Lichtstärken-Formel sofort die Möglichkeit, die Tatsache der Existenz zweier Brennweiten zu berücksichtigen. Die Lichtstärke beim anamorphotischen System ist offenbar

$$J = k \cdot \frac{D^2}{f_H \cdot f_V} \tag{10}$$

wo k eine dem System eigene Konstante ist.

Der analytische Beweis dieser Näherungsformel soll nicht geführt werden. Statt D^2 ist $D_H \cdot D_V$ zu setzen, wenn die Linsenöffnung rechteckig ist.

Dem Konstrukteur liegt die, durch ein anamorphotisches System zu lösende Aufgabe meist in folgender Form vor:

Ein Objekt soll in verändertem Maßstab abgebildet werden, also verkleinert oder vergrößert, dabei soll aber der Abbildungsmaßstab in einer Richtung eine Vergrößerung 2 : 1, in der dazu senkrechten Richtung eine Verkleinerung 1 : 1,5 sein. Dies bedeutet, daß ein Quadrat $10 \cdot 10$ in der Objektebene als Rechteck $20 \cdot 6{,}666\ldots$ abgebildet wird, also mit einem Seitenverhältnis 3 : 1.

Bei der technischen Lösung der Aufgabe kommt es darauf an, wieviel Spielraum dem Konstrukteur gelassen wird. Aus langjähriger Praxis kann der Verfasser nur sagen, daß dieser Spielraum meistens Null ist. Der Apparat ist fertig, Änderungen kaum zulässig, und die Optik muß sich den unabänderlichen Verhältnissen fügen.

Bei Ton-Umkopiermaschinen ist der Abstand vom Objekt zum Bild, also von Film zu Film, meist festgelegt. In einer Richtung soll im Maßstab 1 : 1, in der dazu senkrechten 1 : 2,5 (verkleinert) abgebildet werden. Die Lösung der Aufgabe durch *ein* anamorphotisches Objektiv ist ein recht schwieriges Problem, besonders im Hinblick auf die geforderte hohe Bildqualität, und kann praktisch am Schluß daran scheitern, daß die erforderlichen Zylinderlinsen weder hinsichtlich der Präzision der Flächen noch der Zentrierung herstellbar sind.

Die Aufgabe löst man mit Hilfe zweier normaler Objektive und eines zwischen beiden eingeschalteten teleskopischen anamorphotischen Systems. Damit haben wir zugleich den einfachsten Fall der anamorphotischen Abbildung, dessen Behandlung die weiteren Systeme leichter verständlich macht.

Ein aus Zylinderlinsen hergestelltes GALILEIsches Fernrohr (Abb. 73a, b) vergrößert (bzw. bei umgekehrter Lichtrichtung: verkleinert) nur in einer Ebene (Abb. 73a). In der dazu senkrechten Ebene wirkt es wie ein Satz planparalleler Platten. Dies ist der einfachste Fall der teleskopischen anamorphotischen Abbildung (siehe auch S. 105).

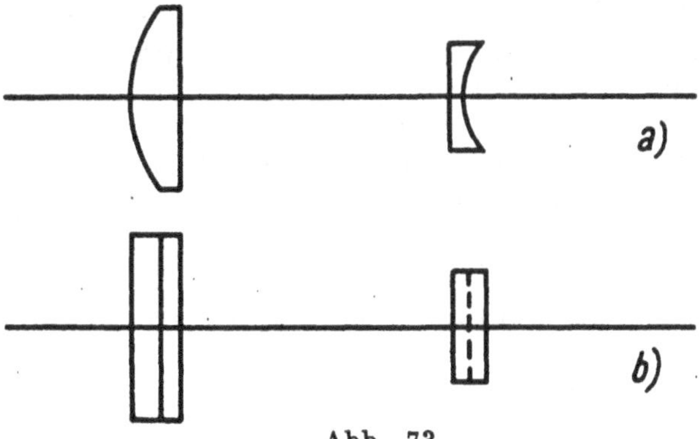

Abb. 73

Die Lösung der vorigen Aufgabe besteht darin, mit Hilfe zweier normaler Objektive, deren Brennweiten sich verhalten wie 1 : 2,5, das Objekt entsprechend verkleinert abzubilden. Beide Objektive sind auf Unendlich zu stellen, so daß zwischen ihnen paralleler Strahlengang herrscht. Die Einhaltung der Verkleinerung ist dann völlig unabhängig von ihrem gegenseitigen Abstande. Das zur einwandfreien Ausleuchtung erforderliche Beleuchtungssystem hingegen ist von diesem Abstande abhängig, was wohl zu beachten ist.

Nun muß durch das teleskopische Zylindersystem diese Verkleinerung in einer Ebene wieder aufgehoben werden, das Zylindersystem muß also ein GALILEIfernrohr sein, das 1 : 2,5 vergrößert. Das besagt, daß die Brennweite der positiven Linse 2,5mal größer sein muß als jene der negativen, läßt aber die Frage der Baulänge offen. Man wird, um die durch das teleskopische System eingebrachten Abbildungsfehler auf ein Minimum zu reduzieren, die im Apparat statthafte größte Baulänge nehmen, denn dadurch werden die Brennweiten beider Linsen groß, die Krümmungen, und somit die Abbildungsfehler, klein.

Die nächste Frage ist die der Farbkorrektion des ganzen Systems. Die beiden Objektive werden stets handelsübliche, achromatische Systeme sein, es ist also nur die Frage der Korrektion der Farbfehler des teleskopischen Systems zu erörtern.

Ehe man Farbfehler korrigiert, muß festgestellt werden, ob nach Sachlage eine solche Korrektion überhaupt notwendig ist und bejahenden Falles für welchen Farbbereich. Es hat z. B. keinen Sinn, bei einem Kopiersystem, bei welchem nur kurzwelliges (blaues) Licht (Quecksilberdampflampen) verwendet wird, chromatische Korrektion vorzunehmen.

Der Farbfehler des teleskopischen Zylindersystems wirkt sich nur in der optisch wirksamen Ebene (Abb. 73a) aus. Er kommt darin zum Ausdruck, daß das System erstens streng genommen nur für eine Farbe teleskopisch ist, zweitens nur für eine Farbe, die vorgeschriebene Vergrößerung oder Verkleinerung besitzt. Es sind also zwei Achromasiebedingungen zu erfüllen. Die Achromasiebedingung für ein teleskopisches GALILEIsystem ist derjenigen einer Linse prinzipiell entgegengesetzt. Während sie bei einem Achromaten die Form $f_1 \nu_1 + f_2 \nu_2 = 0$ bzw. $\frac{f_1}{f_2} = -\frac{\nu_2}{\nu_1}$ hat, wo ν_1, ν_2 die ABBEschen Zahlen sind, lautet die 1. Achromasiebedingung für ein teleskopisches System

$$f_1 \nu_2 + f_2 \nu_1 = 0 \text{ bzw. } \frac{f_1}{f_2} = -\frac{\nu_1}{\nu_2}$$

Diese Bedingung ist zu erfüllen, wenn für zwei Farben teleskopischer Strahlengang vorhanden sein soll.

Wir sehen hier sofort, daß die Erfüllung dieser Bedingung durch Einzellinsen eingeschränkt ist, denn $\frac{f_1}{f_2}$ ist zu gleich die vorgeschriebene Vergrößerung oder Verkleinerung des Systems, das Verhältnis $\frac{\nu_1}{\nu_2}$

kann aber aus glastechnischen Gründen nicht größer als 2,8, also nicht kleiner als 0,357 sein (Kombination von Fluorkron 5, $\nu = 70$ und Schwerflint 6, $\nu = 25{,}5$).

Die zweite Bedingung, daß gleichzeitig für die zwei Farben, für welche teleskopischer Strahlengang erfüllt ist, auch die Vergrößerung bzw. Verkleinerung gleich ist, ist damit praktisch auch meistens erfüllt. Der verbleibende Fehler ist bei Vergrößerungen bis 3mal kaum 2,0%.

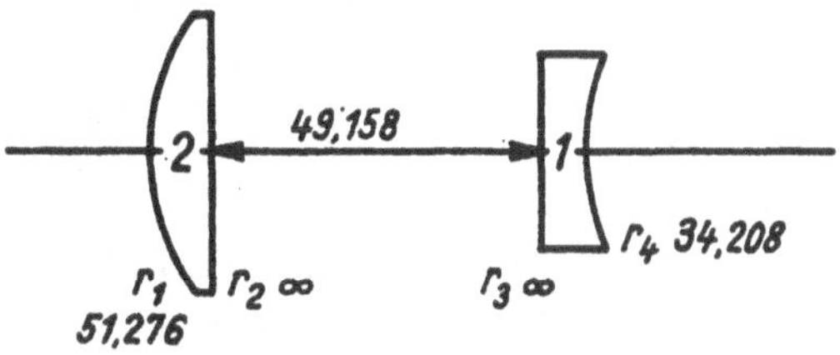

Abb. 74

Wir geben ein praktisches Beispiel. Die Vergrößerung soll 2 sein. Die teleskopische Bedingung soll erfüllt sein für C (rot) und F (blau). Es muß also $\frac{\nu_1}{\nu_2} = 2{,}0$ sein. Dies ist genügend genau erfüllt durch die Gläser K_8, $\nu = 59{,}8$ und SF_{15}, $\nu = 30{,}1$. Wir wählen $f_1 = +100$ mm $f_2 = -50$, und zwar sollen diese Brennweiten für die zwischen C und F liegende, also mittlere Farbe D (gelb) gelten. Die Brechungsindices sind

	n_C	n_D	n_F
K_8	1,51014	1,51276	1,51872
SF_{15}	1,69221	1,69895	1,71549

Es ergibt sich daraus $r_1 = 51{,}276$ $r_2 = \infty$ $r_3 = \infty$ $r_4 = 34{,}9475$.

Auf Grund der Durchrechnung für C und F ergibt sich, daß die teleskopische Bedingung noch nicht streng erfüllt ist, die letzten Schnittweiten sind also nicht ∞, sondern $+\,3{,}124$ Meter für Rot und $+\,2{,}220$ Meter für Blau. Durch Verkleinerung des Radius auf 34,2082 erhalten wir die Werte $-\,126{,}58$ Meter (rot) $+\,131{,}58$ Meter (blau), Vergrößerung für Rot 2,0330, Blau 2,0683, also 1,73% Farbvergrößerungsfehler.

Diese Verhältnisse gelten *nur für die parachsialen Strahlen*, also bei Benutzung des Systems für sehr enge Strahlenbündel.

Die Brauchbarkeit des Systems für einen besonderen Fall ist damit nicht gewährleistet. Hier muß das System für endliche Einfallshöhen durchgerechnet werden. Es tritt dann noch eine Bedingung hinzu, durch deren Erfüllung die Konstanz der Vergrößerungszahl für die verschiedenen Einfallshöhen h_1, h_2 bis h_{max} gewährleistet wird. Da sie der Sinusbedingung, welche bei Objektiven die Konstanz der Brennweite (Bildgröße) für alle Einfallshöhen fordert, verwandt ist, heißt sie „teleskopische Sinusbedingung" und lautet, wenn h die Höhe des achsenparallel einfallenden Strahles, h' die des austretenden Strahles ist,

$$\frac{h}{h'} = \text{const} = V_0$$

V_0 ist die Vergrößerungs- bzw. Verkleinerungszahl des teleskopischen Systems für die paraxialen Strahlen. Es macht praktisch nichts aus, wenn der austretende Strahl nicht achsenparallel ist, sofern nur seine Schnittweite im Hinblick auf die Dimensionen und Brennweiten des Systems als unendlich betrachtet werden kann. Soll das teleskopische System auch noch verzeichnungsfrei sein, so ist die Bedingung:

$$\frac{\operatorname{tg} u'}{\operatorname{tg} u} = \Gamma_0 \text{ (Airysche Tangentenbedingung)}$$

zu erfüllen, wobei u die Neigung des eintretenden Strahlenbündels bzw. seines Hauptstrahles, u' diejenige des austretenden Strahlenbündels gegen die optische Achse ist, Γ ist die Winkelvergrößerung des Fernrohrs — das teleskopische System ist nichts anderes — für beliebige Winkel, Γ_0 für achsennahe Bündel, also nichts anderes als V_0, die paraxiale Vergrößerung.

Auf die durch nicht aberrationsfreie Abbildung der Pupillen erforderlichen Modifikationen der Airyschen Tangentenbedingung soll hier nicht eingegangen werden. (Näheres siehe Geiger und Scheel, Handbuch der Physik, 1927, Bd. XVIII, S. 185 u. f.)

Im Falle, daß bei besonders großen Maßstabsverhältnissen die chromatische Korrektion bei Verwendung von Einzellinsen ungenügend ist, so genügt es meist, die positive allein aus einer positiven und einer negativen Linse zusammenzusetzen und ihr die erforderliche Farbenlage zu geben. Auch Zylinderlinsen können mit der zur Verkittung erforderlichen Genauigkeit hergestellt werden, wenn man nicht zu hohe Anforderungen stellt.

DER OPTISCHE AUSGLEICH MIT ROTIERENDEM POLYGONALPRISMA

Dieses System ist nur für die Projektion und für die Abhörtische brauchbar, für Aufnahmezwecke ist das Problem noch nicht gelöst.

Die optische Grunderscheinung, auf der dieser Ausgleich beruht, ist uns bereits bekannt (S. 70). Sie stellt sich dar als die Tatsache, daß auch eine planparallele Platte ein optisches Bild eines Gegenstandes erzeugt, das dementsprechend bei Änderung des Neigungswinkels der Platte gegen die vom Gegenstand kommenden Strahlen sich bewegt.

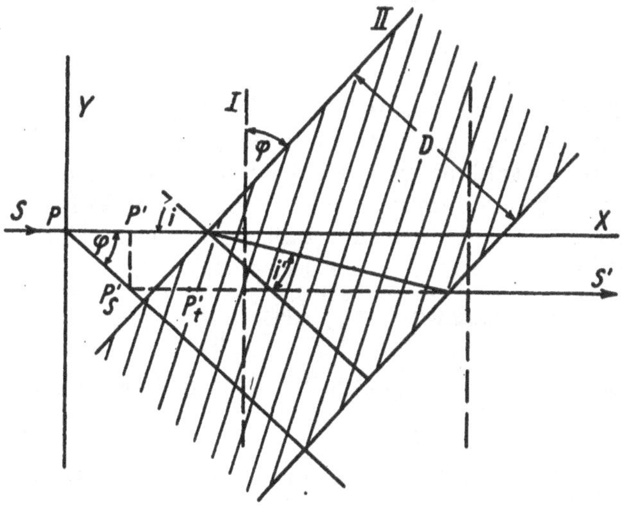

Abb. 75

Der Punkt P (Abb. 75) der X-Achse wird durch eine auf ihr senkrechte Planparallelplatte der Dicke D (Stellung I) in P' abgebildet, wobei im Falle, daß die Abbildung durch ein Büschel sehr kleiner Öffnung erfolgt, die Verschiebung $PP' = \frac{n-1}{n} D$ ist.

Stellung II

Drehen wir die Platte um den Winkel φ um die Z-Achse, so wird P von den sagittalen Strahlen, also den Strahlen in der X-, Y-Ebene in P'_s abgebildet, und P erleidet die Verschiebung $PP'_s = \frac{D}{\cos i'} \cdot \sin(i - i')$, $i = \varphi$. Von den meridionalen Strahlen, also den Strahlen in der X-, Z-Ebene wird P in P'_t abgebildet. Die Abbildung durch Planplatten ist also mit Astigmatismus behaftet. Er kann bei Polygonprismen größerer Dicke ganz erheblich werden,

$$P'_s P'_t = \frac{1}{n} \frac{D}{\cos i'_1} \cdot \left(1 - \frac{\cos^2 i}{\cos^2 i'}\right),$$

er macht sich aber, wie das Experiment zeigt, nicht im entferntesten so stark bemerkbar, wie man es nach der errechneten Größe erwarten müßte. Unsere Planplattenformel (S. 40) zeigt, daß man selbst für Drehungen $\varphi = 20°$ PP'_t gleich PP'_s setzen kann, und so wird die Bildbewegung $y = P'_s P' = D \frac{\sin(i - i')}{\cos i'}$, was wiederum recht genau $= \frac{n-1}{n} D \cdot \operatorname{tg} i$ ist, wobei $i = \varphi$ dem Drehungswinkel ist. Wie man sofort erkennt, ist bei gleichförmiger Drehung der Platte die Bildbewegung *nicht* gleichförmig, sondern wird mit zunehmendem Drehungswinkel beschleunigt. Für sehr kleine Drehungswinkel kann sie als gleichmäßig angenommen werden. Bei einem Polygon mit $2p = m$-Flächen (p ist eine beliebig ganze Zahl, praktisch mindestens 4), muß der Film bei einer vollen Umdrehung des Prismas ($\varphi = 2\pi$) um m Bildhöhen h fortgeschritten sein, also $\frac{n-1}{n} D \cdot \varphi = \frac{n-1}{n} D \cdot 2\pi = mh$ sein, woraus sich $D = \frac{n}{n-1} \cdot \frac{mh}{2\pi}$ ergibt. Diesen Wert von D für Stillstand bei kleinem φ nennen wir D_0.

Das optische Bild eilt bei wachsendem φ dem materiellen Bild voraus. Die Abb. 76 zeigt den Fehler $\triangle y$ schematisch. Er gilt in dieser Form nur für die Filmbildmitte.

Der Fehler läßt sich ganz erheblich vermindern, wenn wir die Bedingung des Zusammenfallens von Filmpunkt und dem optischen Bild desselben, das das Polygon erzeugt, nicht nur für $\varphi = 0$, sondern z. B. auch für $\varphi = 16°$ erfüllen. Es sei $p = 4$, $m = 8$, der halbe Drehungswinkel ist dann 22° 30'. Ist h die Filmbildhöhe, d. h. der Filmschritt pro Bild, so steht der Bildmittelpunkt bei $\varphi = 16°$ bei $y = \frac{h}{2} \cdot \frac{16°}{22°\,30'}$. Das optische Bild hat die Koordinate $y' = D\,\dfrac{\sin(i - i')}{\cos i'}$, $i = \varphi = 16°$. Soll $y - y' = 0$ sein, so muß die Schlüsselweite $D_{0,16°}$ des Polygons

$$D_{0,16°} = \frac{h}{2}\,\frac{16°}{22°30'}\,\frac{\cos i'}{\sin(i - i')}$$

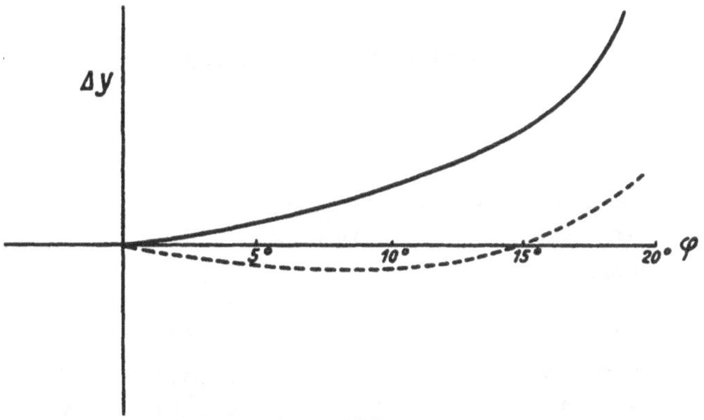

Abb. 76

sein, Bei diesem Kunstgriff erhalten wir die gestrichelte Fehlerkurve. Es werden nicht etwa die Fehler der ausgezogenen Kurve nur verschoben und auf plus und minus verteilt, sondern das gesamte Fehlerintegral kann gegenüber D_0 bis auf ein Fünftel reduziert werden. Dies liegt an der Eigenart der Funktion für y'. Man nehme Gläser mit möglichst hohem n_D-Wert aber niedriger Dispersion, auf keinen Fall Flintglas. Am geeignetsten sind die Schottgläser der Gruppen *SK* und *SSK*.

Eine vollständige Theorie des optischen Ausgleichs mit Polygonalprisma kann hier nicht gegeben werden, denn sie ist z. T. äußerst verwickelt und umfaßt insbesondere auch die Konstruktion des Kondensors, der — was bislang übersehen wurde — der entscheidende Faktor bei der Verminderung der Bewegungs- und Abbildungsfehler ist. Der Kondensor, der den Weg des Strahles vorschreibt, ist weit wichtiger als das Objektiv, das bei Anwendung von Gas-Hochdrucklampen primitiv sein kann. Ohne die sehr kleinen Lichtquellen der Hochdrucklampen ist das Problem des optischen Ausgleichs sowieso nicht befriedigend zu lösen. Wer genau zu Werke gehen will, muß auch den Blendenort festlegen und dementsprechend die Strahlenrechnung durchführen. Auf diesem Gebiete ist jahrzehntelang im wesentlichen nur probiert und gebastelt worden, meist von Erfindern, die von der geometrischen Optik kaum eine Ahnung hatten. Erst der Initiative des Russischen Technischen Büros für Kinematographie, Babelsberg, und von Dr. WILKENING (DEFA) ist eine wirklich wissenschaftliche Erforschung des Problems zu danken gewesen.

DIE TRANSFOKATOREN

Das Problem der abbildenden Systeme mit stetig veränderlicher Brennweite bei auf der Achse feststehender Bildebene kann auf zwei Arten gelöst werden:

1. durch ein Objektiv veränderlicher Brennweite
2. durch ein Vorsatzsystem, welches ein Bild veränderlicher Größe in konstantem Abstand vor einem normalen Objektiv erzeugt.

Die zweite Methode bildet die Grundlage der vom Verfasser 1930 entwickelten Theorie der Transfokatoren, die zur praktischen Konstruktion und zum Bau derselben durch die Astrogesellschaft führte.

Es gibt grundsätzlich zwei Gruppen von Transfokatoren. Die erste umfaßt die teleskopischen, die wiederum in positive und negative zerfallen. Sie sind im Prinzip GALILEIsche Fernrohre sehr großer Dimensionen mit veränderlicher Vergrößerung bzw. Verkleinerung. Die dreilinsigen sind in Abb. 77a, b dargestellt (S. 117/18). Die Brennweite der Linsen L_1 und L_3 sind gleich. Die Brennweite der mittleren Linse ist so berechnet, daß sie mit L_1 oder L_3, durch Bewegung zusammengebracht, ein positives (Abb. 77a) oder negatives (Abb. 77b) System ergibt. Dadurch verwandelt sich das ganze System bei entsprechendem Abstand $L_1\,L_3$ von einem vergrößernden GALILEIschen Fernrohr in ein verkleinerndes (Abb. 77a) oder umgekehrt (Abb. 77b).

Ein solches System gestattet eine totale Brennweitenänderung im Maximum im Verhältnis 1 : 2. Will man größere Veränderungen erzielen, so muß man zu einem vierlinsigen System übergehen (Abb. 78). Wie man leicht aus der Figur erkennt, bilden die Linsen $L_1\,L_4$ in der dargestellten Stellung ein vergrößerndes GALILEIsches Fernrohr, da die beiden zur Berührung gebrachten Linsen L_2 und L_3 sich zu einer planparallelen Platte ergänzen. Werden die Linsen L_2 und L_3 in entgegengesetzter Richtung bis zum Kontakt mit den Linsen L_1 bzw. L_4 gebracht, so verwandelt sich das System in ein verkleinerndes GALILEIsches Fernrohr.

Bei der Weiterentwicklung der Theorie ergab sich die Möglichkeit, auch die Linsen L_2 und L_3 von verschiedener Brennweite zu machen und dadurch ein System zu konstruieren, dessen Änderungszahl die vierte Potenz der Änderungszahl m des Systems ist.

Eine ganz neue Gruppe von Transfokatoren, die virtuell oder reell abbildenden Systeme, erzeugen ein in etwa 1 m Entfernung vom Objektiv stillstehendes Bild, dessen Größe sich bei Steuerung der Linsen ändert. Die Transfokatoren sind also grundsätzlich nicht teleskopisch. Sie lassen Brennweitenänderungen im Verhältnis 4 : 1 zu, bei Verwendung eines kleinen zusätzlichen Systems kann man theoretisch bis zu 6 : 1 gehen. Das System 4 : 1 ist praktisch ausgeführt worden und hat sich bewährt. Es muß darauf verzichtet werden, die Theorie, dieser verwickelten Systeme darzulegen. Die Korrektion der optischen Fehler erfordert einen umfangreichen Formelapparat. Untenstehend sind die Formeln für die einfachen teleskopischen Transfokatoren (Abb. 77 und 78) angegeben.

Der Transfokator

Formeln für den 3-gliederigen teleskopischen Transfokator

Totaler Änderungsfaktor M

$$m = \sqrt{M}$$

Abstand a der Hauptebenen, $a = (m - 1) f_1 = \frac{m^2 - 1}{m} f_2$

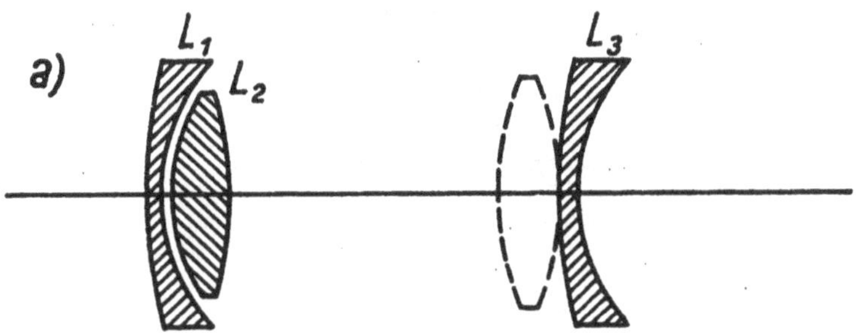

Abb. 77a

$f_1 = f_3 \qquad f_2 = -\frac{m}{m+1} f_1 \qquad f_2$ also positiv

b)

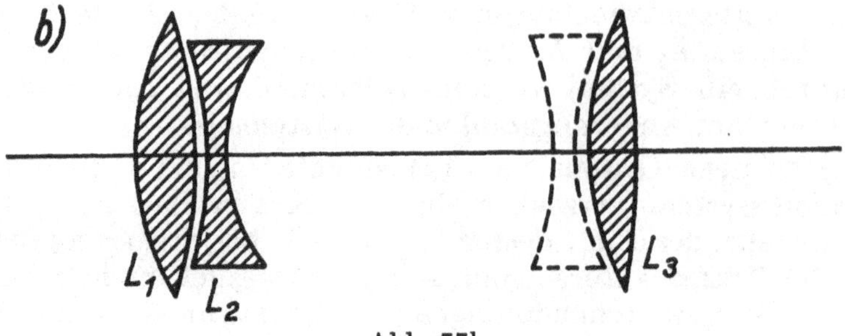

Abb. 77b

$$m = \sqrt{M}$$

$$a = \frac{m-1}{m} f_1 = \frac{m^2-1}{m} f_2$$

$$f_1 = f_3 \qquad f_2 = -\frac{1}{m+1} f_1$$

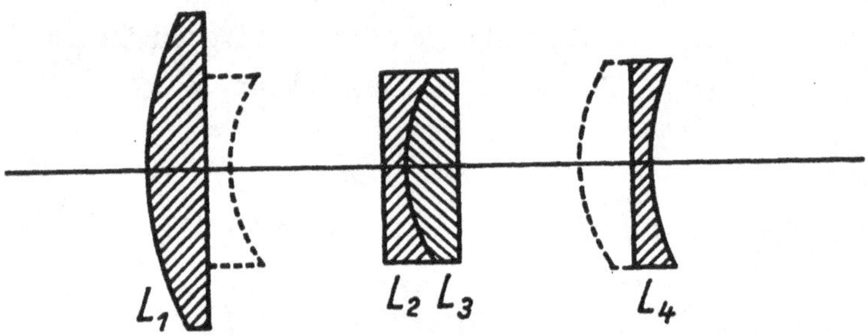

Abb. 78

$$m = \sqrt{M} \qquad f_2 = -f_3 \qquad f_4 = -\frac{1}{m} f_1 \qquad a = \frac{m-1}{m} f_1$$

$$a_1 = f_1 - 2 f_3$$

DIE KONSTRUKTION EINES ANASTIGMATEN

(Nach v. HOEGH, Archiv f. wiss. Photographie II 1900)

Die Darlegungen des Altmeisters der Anastigmat-Konstruktion, Emil v. HOEGH, sind von grundlegender Bedeutung, und wenn die Theorie des Anastigmaten heute auch weiterentwickelt wurde, so geben doch die elementaren Betrachtungen E. v. HOEGHS dem sich zum ersten Male dem Problem Widmenden einen ebenso klaren wie tiefen Einblick in das Wesen des Anastigmaten.

E. v. HOEGH geht zunächst von der Petzvalbedingung aus. (Sie wird heute die Coddington-Petzval-Bedingung genannt, da Coddington sie bereits früher fand. Die Petzvalsche Formel gibt uns ein Maß von der Bildfeldkrümmung. Da das Problem des Anastigmaten das Problem der Bildfeldebenung ist, geht v. HOEGH mit Recht von ihr aus. Die allgemeinste Formder Petzvalbedingung lautet: $\Sigma \varrho \cdot \nu = 0$. Die Summe[1] $\Sigma \varrho \cdot \nu$ besteht aus Gliedern der Form: $\frac{1}{r_1}\left(\frac{1}{n_0} - \frac{1}{n_1}\right)$ bzw. $\frac{1}{r_m}\left(\frac{1}{n_{m-1}} - \frac{1}{n_m}\right)$, wo m die Nummer des Radius ist, n_{m-1} der Brechungsindex im Raume vor der Kugelfläche mit dem Radius r_m, n_m der Brechungsindex im Raume dahinter. Diese Summe gibt die Krümmung der Fläche an, auf welcher das von dem Linsensystem erzeugte Bild eines sehr weit entfernten, ebenen Objekts liegt. $\Sigma' \varrho \cdot \nu = 0$ bedeutet also, daß das erzeugte Bild völlig eben ist.

Für die Einzellinse wäre die Summe $\frac{1}{r_1}\left(1 - \frac{1}{n}\right) + \frac{1}{r_2}\left(\frac{1}{n} - 1\right)$. Sie kann für verschwindende Dicke nur Null werden durch $\frac{1}{r_1} = \frac{1}{r_2}$. Die Petzvalbedingung scheint für endliche Brennweite unerfüllbar zu sein. ein Standpunkt, über den auch Petzval nicht hinauskam. Aber schon bei geringer Dicke und tiefen Krümmungen ergibt ein Meniskus $r_1 = r_2$ eine endliche Brennweite $\left(f = \frac{n}{d}\frac{r^2}{(n-1)^2}\right)$, (Abstand der Hauptpunkte

[1] Man gibt ihr üblicherweise negatives Vorzeichen.

vom Linsenscheitel unabhängig von der Dicke $d = -\frac{r}{n-1}$!) und *erfüllt die Petzvalbedingung.* Mit einem oder zwei solcher Menisken erreicht man tatsächlich ein vom Astigmatismus enger Büschel freies, ebenes Feld. In Abb. 79 ist ein Beispiel für $f = 100$ gegeben. $r_1 = 11.993$, $r_2 = 11.900$, $d = 6.0903$, Abstand b der Blende 7.1212, $n = 1.600$.

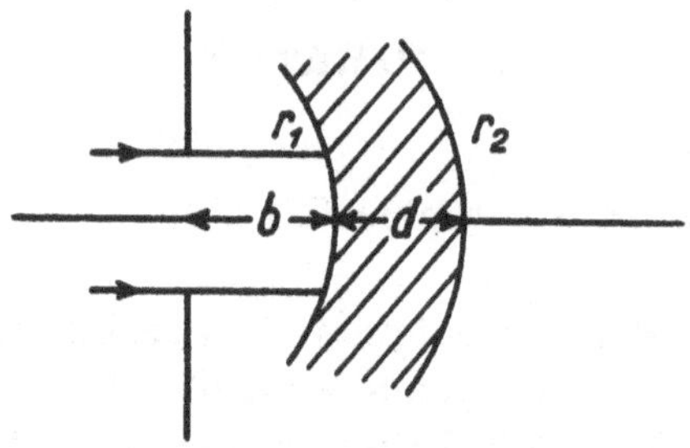

Abb. 79

Die sagittale und meridionale Bildschale liegen, mit ihren Höhlungen einander zugewandt, eng beisammen und durchdringen sich beim halben Bildwinkel von 30°.

E. v. Hoegh gibt die Erklärung dieser Wirkung.

Infolge der divergierenden Wirkung der ersten und der konvergierenden der zweiten Fläche wird von den in den Einfallspunkten vom Hauptstrahl unter entgegengesetztem Einfallswinkel getroffenen kleinsten Flächen die Gestalt des dünnen Haupstrahlenbüschels in entgegengesetztem Sinne beeinflußt und die durch das erste Flächenelement verursachte astigmatische Trennung der Bildpunkte wird durch das entgegengesetzt wirkende aufgehoben. Infolge der Gleichheit der Außenkrümmung ist die Petzvalbedingung erfüllt, und der Bildpunkt in der idealen Ebene ist frei von Astigmatismus. Die sphärische Aberration ist bei diesem System allerdings beträchtlich.

Bei allen Astigmatkonstruktionen erfolgt die Korrektur des Astigmatismus genau so wie oben, dadurch, daß der schräge Hauptstrahl *mindestens zwei prismatische Ablenkungen im gleichen Sinne erfährt,* wobei eine Fläche divergierend, die andere konvergierend wirkt.

Hat man genügend Flächen zur Verfügung, so kann die Arbeit verteilt werden, was die Fehler evtl. erheblich vermindert.

Wenn man die sphärische Korrektion durch eine zerstreuende Kittfläche erzielen will, so erfordert dies für die Erfüllung der Sinusbedingung weit stärkere Krümmung der konvergierenden Außenfläche als zu sphärischer Korrektion zulässig. Das System behält negativen Astigmatismus, weil die sphärische Korrektion nur unter beträchtlicher Abweichung von der Petzvalbedingung möglich ist.

Um den negativen Astigmatismus zu beheben, muß man eine 2. Kittfläche einführen. Sie muß 1. auf den Hauptstrahl konvergierend wirken, 2. ihn im gleichen Sinne ablenken wie dies vorher an der divergierenden Fläche geschehen ist.

v. HOEGH sagt dazu: Man erkennt leicht, daß diesen beiden Bedingungen durch das Hinzutreten einer bikonvexen Linse von höherer Brechung als die mit ihr verkittete Linse genügt wird. (Siehe schematische Abb. 80).

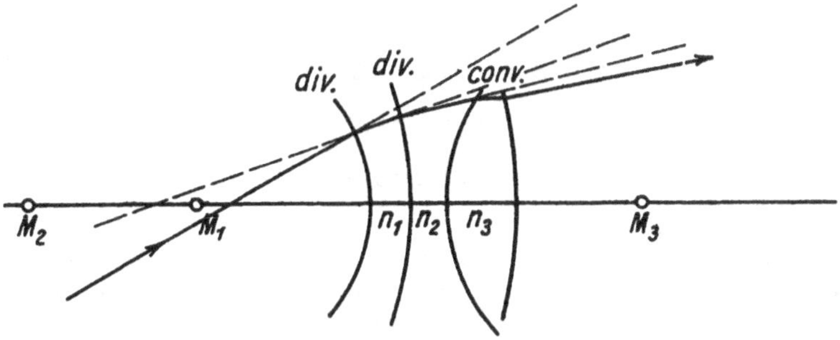

Abb. 80

SYNTHETISCHE OPTIK

Der Aufbau der optischen Bilder in synthetischer Darstellung

A. Geometrische Optik und synthetische Optik

In den Lehrbüchern der Optik wurden die Probleme bisher ausschließlich von zwei Standpunkten aus behandelt: vom Standpunkte der geometrischen Optik und vom Standpunkte der Wellenoptik. Die geometrische Optik kann man eigentlich als einen Zweig der Geometrie betrachten, in welcher der Lichtstrahl zu einer Geraden idealisiert worden ist und damit einen wesentlichen Bestandteil seiner physikalischen Natur verloren hat. Der rein geometrische Charakter dieses Zweiges der Optik bringt es zwangsläufig mit sich, daß wir auch mit strahlenden Punkten operieren, mathematisch ausgedrückt: mit Geradenbüschel[1], die es bei technischen Lichtquellen nicht gibt. Die Wellenoptik andererseits trägt zwar der physikalischen Natur des Lichtes Rechnung, der mathematische Aufwand wird aber, von einigen einfacheren Fällen abgesehen, bei vielen Problemen so groß, daß der konstruierende Optiker ihn nicht mehr handhaben kann, wenn ihm nicht ein großer Rechenapparat zur Verfügung steht.

Der geometrische Lichtstrahl, so unerläßlich er für die formelle Darstellung und rechnerische Behandlung der Probleme auch ist, hat in der Technik bei Ingenieuren und auch bei Physikern, die mit optischen Fragen zu tun haben, häufig eine völlig falsche Vorstellung vom Wesen der optischen Abbildung erweckt und zu bisweilen verhängnisvollen Fehlschlüssen und infolgedessen auch Fehlkonstruktionen geführt. Ein besonders eindrucksvolles Beispiel soll weiter unten besprochen werden.

Diese Fehlschlüsse kommen daher, daß man in der geometrischen Optik mit Punkten operiert, also z. B. einem Punkte P auf der optischen Achse, von dem ein Lichtstrahl ausgeht, einen Punkt P' zuordnet, den man die „Abbildung“ des Punktes P durch das optische System nennt. Solche strahlenden Punkte gibt es nun nicht in der Technik.

---

[1] Im Buche bedeutet der Ausdruck „Büschel“ in Übereinstimmung mit der mathematischen Terminologie stets eine Schar von Geraden (Strahlen), die sich in einem Punkte oder einem eng begrenzten Gebiete (Zerstreuungskreis) schneiden, während der Audruck „Bündel“ stets eine Schar paralleler Geraden (Strahlen) bedeutet.

Alle technischen Lichtquellen sind ausgedehnte, strahlende Körper. Ihre Bilder sind nie und nimmer Punkte. Aber auch vom Standpunkte der geometrischen Optik aus betrachtet, kann man in aller Strenge nicht von einer Abbildung eines Punktes sprechen, denn es fehlt hierbei die Verwirklichung eines der wesentlichsten Faktoren der optischen Abbildung: des optischen Maßstabes. Ein Punkt kann weder vergrößert noch verkleinert werden. Grundsätzlich muß die optische Abbildung aufgefaßt werden als Abbildung räumlich ausgedehnter Objekte. Die von Linsen oder Spiegeln erzeugten Bilder sind also ausgedehnt, sie können größer oder kleiner sein als die Objekte selbst. Die Vorstellung, man könne z. B. mit Hilfe eines Kondensors das Licht einer Lichtquelle „auf einen Punkt zusammenziehen", ist ein Irrtum, dem man immer wieder begegnet.

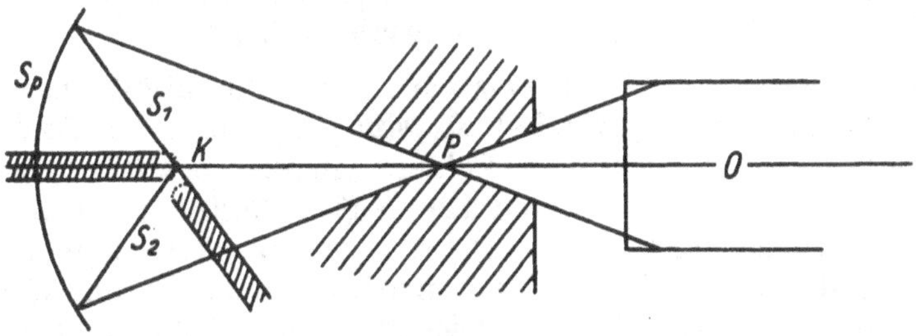

Abb. 81

Ein besonders krasser Fall aus der Praxis, einzig und allein verursacht durch eine in der Literatur leider immer wieder benutzte Darstellungsform, ist in Abb. 81 wiedergegeben. Die Abbildung zeigt das Schema eines Kinoprojektors. Vom Kohlenkrater *K* ausgehend, sind zwei Strahlen S_1 und S_2 gezeichnet, die sich nach Reflexion am Hohlspiegel *Sp* im Punkte *P* auf der optischen Achse schneiden und von dort aus wieder divergierend das Bildfenster *F* durchsetzen. 0 ist das Projektionsobjektiv. Das Bildfenster erscheint voll ausgeleuchtet, und ist es auch, aber diese Darstellung erweckt den Anschein, als ob der in der Umgebung von *P* schraffierte Raum frei von Strahlung wäre. Infolgedessen setzte der Konstrukteur in diesen Raum einen der rotierenden mechanischen Teile des Projektors. Da in diesem Falle der Hohlspiegel den Kohlenkrater siebenfach vergrößert in Punkt *P* abbildete, der Kohlenkrater selbst einen Durchmesser von 8 mm besaß, befand sich im Punkte *P* in Wirklichkeit ein Bild von 56 mm Durchmesser. In diesen von einer gewaltigen Wärmestrahlung erfüllten Abbildungsraum ragte nun ein mechanisches, sich bewegendes Element des Projektors hinein und wurde in wenigen Minuten derart erhitzt, daß es nicht mehr funktionieren konnte.

Eine der wesentlichsten Aufgaben der geometrischen Optik ist die formelle für die Rechnung brauchbare Darstellung der Fehler der optischen Abbildung. Das geschieht dadurch, daß diese Fehler als mangelnde punktförmige Strahlenvereinigung dargestellt werden. Bei der praktischen Konstruktion einer Optik kann auch dies zu großen Fehlschlüssen führen, denn die Frage bleibt offen und ungeklärt, wie die Lichtenergie in irgendeinem Querschnitt dieses nicht ideal verzweigten Bündels verteilt ist. Bei der photographischen Aufnahme z. B. ist dies für die Beurteilung der zu erwartenden Schärfe des Objektivs von ausschlaggebender Bedeutung. Ein Strahl, der im geometrischen Bilde stark vom idealen Bildpunkt abweicht, kann beispielsweise so wenig Energie transportieren, wenn man diesen Ausdruck bei einem Strahl anwenden kann, daß er die Schärfe der Abbildung kaum beeinträchtigt, weil das Maximum der Energie in einem Querschnitt der übrigen Lichtquellen in der Abbildungsebene liegt.

In der geometrischen Optik betrachtet man das abbildende Element (Linsenfläche oder Spiegelfläche) als eine Einheit, eine Totalität und spricht nun von den optischen Fehlern dieser Totalität. Das Objekt hingegen wird als ein aus vielen Elementen bestehendes Gebilde angesehen. Deswegen sagt man z. B., daß dieser oder jener Fehler der optischen Abbildung mit der zweiten oder dritten Potenz der Linsenöffnung wächst. Wenn wir nun, besonders im Hinblick auf die praktischen Bedürfnisse des Ingenieurs die oben angedeuteten Fehlschlüsse vermeiden wollen, d. h. von der Abbildung punktförmiger Elemente durch Totalitäten abbildender Elemente abgehen wollen, so müssen wir zur Erklärung der mangelnden Bildschärfe, die ja eine Folge der Abbildungsfehler der Linsen und Spiegel sind, zu einer anderen Form der Optik übergehen.

Wir betrachten jetzt die wirksame Fläche einer Linse oder eines Spiegels nicht mehr als Einheit, sondern als ein Konglomerat von Elementen, die wir uns beliebig klein denken können, und von denen jedes einzelne eine selbständige Abbildung des ganzen Objektes im Bildraum erzeugt. Man achte besonders darauf, daß es sich nicht mehr um die Abbildung eines Objektelementes durch die Totalität der Linse handelt, sondern um die Abbildung der Totalität eines Objektes durch einzelne Elemente der Linse.

Die sog. Unschärfe eines Bildes ist also jetzt nicht mehr unvollkommene Strahlenvereinigung auf einer Ebene senkrecht zur optischen Achse, sondern sie wird dadurch verursacht, daß jedes Element der Linse ein an sich scharfes Bild eines ganzen Objektes erzeugt, aber alle diese Bilder sich durch ihre Lage, ihre Bildflächenform (Wölbung) und ihren Abbildungsmaßstab voneinander unterscheiden. Es gibt also im Bildraum auf einer Ebene senkrecht zur optischen Achse nur einen

Querschnitt durch alle diese verschiedenen Bilder. Da sie nicht zusammenfallen, entsteht keine ähnliche und keine scharfe Abbildung. Die Bilder verschiedener Farbe liegen für jedes Element an einer anderen Stelle des Raumes, die Bilder von zentralen Elementen liegen woanders als die Bilder, die von Randelementen erzeugt werden. Die Unschärfe ist also mangelnde Konzidenz aller Elementarbilder. Die Gesamtabbildung ist also die Summe inhomogener Elementarbilder.

Diese Auffassung und Darstellungsweise nennen wir die *synthetische Optik.*

Um Mißverständnisse von vornherein zu beseitigen, sei bemerkt, daß im Vorausgehenden die synthetische Optik nicht als eine Rechenmethode, sondern als eine Form des optischen Denkens in Kürze dargestellt ist, die es dem Konstrukteur ermöglicht, die Ergebnisse der geometrischen Durchrechnungen technisch zu deuten und die Wirkung der sog. Aberrationen sowie der Koma auf die Abbildung besser zu erkennen. Die Fehler der Bildflächenwölbung, der Verzeichnung und des Astigmatismus erscheinen vom Standpunkt der synthetischen Optik aus betrachtet nicht mehr als reine Zahlen, sondern als Realitäten, von denen man sich ein Bild machen kann. Nach wie vor wird uns die geometrische Optik diese Zahlenwerte liefern und das optische System sozusagen analysieren, indem es für die einzelnen Fehler und Fehlergruppen die exakten numerischen Werte liefert. Man könnte von diesem Standpunkte aus die geometrische Optik als die analytische Optik bezeichnen, und der synthetischen Optik kommt alsdann die Rolle zu, die Synthese dieser Fehler zu erkennen und zu vollziehen.

Vom Standpunkt der synthetischen Optik aus lassen sich nun aber auch Experimente vorführen, die in sehr eindrucksvoller Weise die Synthese des Gesamtbildes aus den Elementarbildern zur Anschauung bringen. So kann beispielsweise mit einer Kondensorlinse von großer Öffnung ein leuchtendes Objekt abgebildet werden, und man erhält nun ein zunächst sehr unvollkommenes Bild, es ist unscharf und farbig und dem Objekte nicht vollkommen ähnlich. Man blendet nun mit Hilfe einer Scheibe, die eine kleine Öffnung hat, die Kondensorlinse ab, indem man diese Öffnung vor die einzelnen Gebiete der Linse stellt. Man nimmt z. B. ein Bündel aus der Mitte, dann eines vom Rande und dann ein dazwischen gelegenes. Auf diese Weise bekommt man Elementarbilder, die von diesen Elementen der Linse erzeugt werden. Man erkennt sofort, daß diese Bilder wesentlich schärfer sind, aber, wie man durch Marken auf dem Projektionsschirm feststellen kann, an verschiedenen Orten liegen. Bei einzelnen Bildern muß man den Auffangschirm der Linse nähern, bei anderen dagegen entfernen, um die beste Bildqualität zu erhalten. Bei einzelnen Bildern bemerkt man, daß sie niemals gleichzeitig in der Mitte und am Rande scharf werden, sondern daß die scharfe Mitte näher bei der Linse liegt als der scharfe Rand. Das Bild ist also gewölbt. Benutzt man nun Farbfilter, so kann man wiederum nachweisen, daß die verschiedenfarbigen Bilder ein- und desselben Linsenelementes an verschiedenen Stellen des Raumes liegen. Das Experiment ist eine sehr eindrucksvolle Dokumentation der Tatsache, daß das Gesamtbild, das unscharf und unvollkommen erscheint, nichts anderes ist als die Summe wesentlich besserer, ja z. T. sogar schärferer Bilder der Elemente der Linse.

OPTISCHE ENTFERNUNG UND OPTISCHE „NÄHE“

Dieses kurze Kapitel diene hauptsächlich der Anregung und sei illustriert durch eines der optischen „Randprobleme“, das ins Gebiet der Astronomie fällt.

Die Optik hat uns mit einem Entfernungsbegriff vertraut gemacht, der vom geometrischen grundsätzlich abweicht. Die „optische“ Entfernung zweier Punkte ist ihre geometrische Entfernung e multipliziert mit dem Brechungsindex n des Raumes, in welchem die beiden Punkte liegen.

$$e_{\text{opt}} = n \cdot e_{\text{geom}}$$

Der Unterschied zwischen optischer und geometrischer Entfernung spielt nicht nur in der irdischen Optik eine Rolle, er führt in der Astronomie, in welcher die Entfernungsmessung bekanntlich eine hervorragende Rolle spielt, zu einer höchst beachtlichen Konsequenz.

Da der Brechungsindex des Weltalls ohne Zweifel gleich Eins gesetzt werden kann, darf man hier die optische Entfernung und die geometrische einander gleichsetzen. Im Augenblick aber, wo wir die relative Bewegung der Fixsterne zueinander in Betracht ziehen, wird wegen der ungeheuer großen Entfernungen die Sache anders. Es sei r die geometrische Entfernung eines Fixsternes von unserem Sonnensystem, n der Brechungsindex des Weltalls, so ist die optische Entfernung r_0 des Fixsternes

$$r_0 = n \cdot r$$

Die zeitliche Änderung dieses Abstandes, die man in der Astronomie als Radialgeschwindigkeit V_r bezeichnet und als sog. Dopplereffekt im Spektrum des Fixsternes beobachten und messen kann, ist dann

$$\frac{dr_0}{dt} = v_r = n\frac{dr}{dt} + r\frac{dn}{dt}$$

und, da n gleich Eins gesetzt werden kann, haben wir

$$v_r = \frac{dr}{dt} + r\frac{dn}{dt}$$

$\frac{dr}{dt}$ gibt den altbekannten Dopplereffekt, aber was ist $r\frac{dn}{dt}$?

Es ist auch eine, allerdings scheinbare Radialgeschwindigkeit, denn sie tritt auch dann auf, wenn die geometrische Entfernung sich überhaupt nicht ändert, hingegen der Brechungsindex des Weltalls. Da diese Änderung des Brechungsindex mit der unvorstellbar großen Entfernung r multipliziert wird, kann sie selbst unvorstellbar klein sein, um dennoch eine meßbare „scheinbare" Radialgeschwindigkeit zu ergeben.

Die strenge Behandlung dieses Problems durch Erweiterung der MAXWELLschen Theorie der Lichtausbreitung[1] ergibt, daß die Flucht der Spiralnebel, also die „Expansion des Weltalls" sich als Scheinphänomen darstellen ließe, wenn man eine Abnahme der Lichtgeschwindigkeit von nur 171 Millimeter pro Sekunde pro Jahr annimmt, ein Betrag, der auch im Zeitraum von einer Million Jahren nur eine Änderung der Lichtgeschwindigkeit um etwa ein Zweitausendstel bedeutet. Die Änderung von n, dessen Wert trotzdem praktisch gleich Eins bleibt, könnte verursacht werden durch die allmählich zunehmende Erfüllung des Weltalls mit der korpuskularen Ausstrahlung der Milliarden von Fixsternen, aber auch durch die „Geburt" neuer Materie im Sinne modernster Kosmognieen (PASCUAL JORDAN).

Wir sehen an diesem Beispiel, daß unsere biedere irdische Optik anregend zu kosmischen Problemen führt, und wir wollen nun einen Begriff betrachten, den wiederum die Optik uns geschenkt hat, der aber meines Wissens noch keinen besonderen Namen bekommen hat, infolgedessen auch kein selbständiges Leben führt.

Ist s eine *Entfernung*, so können wir den reziproken Wert $\frac{1}{s}$ als eine „Nähe" bezeichnen. $s = 0$ bedeutet also $\frac{1}{s} = \infty$, mithin „unendliche Nähe", was je auch einen Sinn hat. $s = \infty$ ist dann die Nähe „Null". Auch die Brennweite f ist eine Entfernung. Die reziproke Brennweite hat in der Optik längst Bürgerrecht erworben und einen eigenen Namen erhalten, nämlich „Brechkraft". Diese Brechkraft ist im Grunde auch nichts anderes als eine Annäherungskraft, nämlich das Maß, in welchem eine Linse das Bild eines unendlich fernen Objekts an eine Hauptebene heranholt.

[1] H. I. GRAMATZKI, Zur Elektrodynamik des interstellaren Raumes, Zeitschrift f. Astrophysik, Bd. 8, Heft 2, 1934; Über eine unzulässige Vereinfachung der Dopplerformel bei der Berechnung der Radialgeschwindigkeiten, Die Sterne, 1953, Heft 5/6.

In der Geometrie hat eine Strecke außer der eines Entfernungsmaßes noch eine zweite Bedeutung, nämlich der eines Krümmungsradius, den wir mit r bezeichnen wollen. Der reziproke Wert $\frac{1}{r}$ ist bekanntlich die „Krümmung".

Unsere beiden rein geometrischen Größen, die „Nähe" $\frac{1}{s}$ und die „Krümmung" $\frac{1}{r}$ verwandeln wir jetzt kurzerhand analog zum Falle der „geometrischen" und „optischen" *Entfernung*, in „optische" Nähe und „optische" Krümmung. Diese letzte als Eigenschaft einer, *zwei* Medien *trennenden* Fläche versehen wir mit der *Differenz* der beiden Indices vor und hinter der Fläche und sehen jetzt die altbekannte Gleichung

$$n' \frac{1}{s'} = (n' - n) \frac{1}{r} + n \cdot \frac{1}{s} \quad \text{bzw.} \quad \frac{n'}{s'} = \frac{n' - n}{r} + \frac{n}{s}$$

in einem neuen Lichte.

In der Kupplung geometrischer Größen mit dem Brechungsindex, können wir, um auf diese Weise zu optisch-geometrischen Größen zu gelangen, noch einen letzten Schritt unternehmen und die Frage stellen, ob auch der „optische Winkel", also das Produkt aus Brechungsindex und Winkel, die Größe $n \cdot \varphi$, einen Sinn hat. Das ist der Fall, denn das Brechungsgesetz für sehr kleine Einfallswinkel, bei denen wir $\sin \varphi = \varphi$ setzen können, lautet

$$n'\varphi' = n\varphi$$

Dieser kleine Einblick in eine „optische Geometrie" gibt vielleicht dem mathematisch interessierten Leser eine Anregung, noch andere Begriffe und Funktionen der Differentialgeometrie ins Optische zu übersetzen. Hier liegt ebenfalls eines der „Randprobleme" der Optik.

ANHANG

Vektorgleichung eines Bildstrahles bei einfacher oder mehrfacher Spiegelung an beliebig orientierten, bewegten Spiegeln

Solange bei Spiegelungsvorgängen die Lote in ein- und derselben Ebene liegen, ist die Aufgabe, den Strahlengang in Formeln zu beherrschen, einfach und übersichtlich. Im Augenblick aber, wo die Lote beliebige Richtungen im Raume haben und noch Drehungen ausführen, versagen die einfachen Schemata, unsere Vorstellungskraft läßt uns im Stich, und die analytische Behandlung des Problems mit sphärischer Trigonometrie gibt uns keine klare Einsicht. Dies ist deshalb der Fall, weil das Ergebnis der Untersuchung eine Gruppe von Gleichungen zwischen meist komplizierten trigonometrischen Funktionen ist, denen man nicht ansieht, wie der Strahl nach allen Spiegelungen sich im Raume bewegt. Eine Darstellung des Resultats in einer einzigen geschlossenen Gleichung würde zu einem Funktionskomplex führen, dessen numerische Diskussion einen enormen rechnerischen Aufwand erfordert.

Es gibt aus diesem Grunde nur *ein* Hilfsmittel, die Aufgabe in rechnerisch zugänglicher und vor allem analytisch vereinfachter Form zu lösen: Die Vektoranalysis.

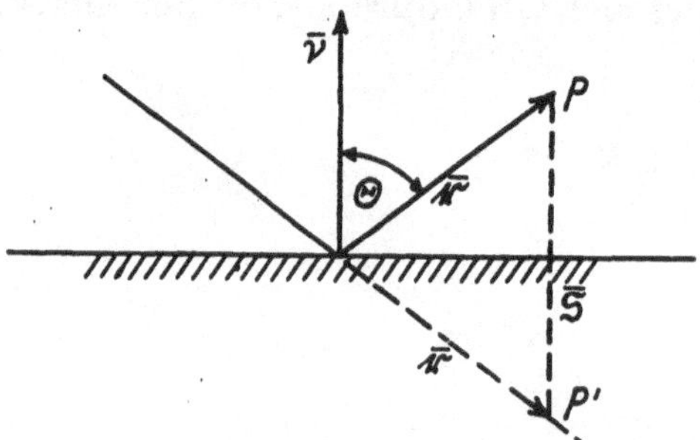

Abb. 82

Wir leiten zunächst das Spiegelungsgesetz in der Vektorform ab, wobei wir aber von einem definierten Bildpunkt P ausgehen, den wir durch seinen auf den Koordinaten-Nullpunkt bezogenen Vektor bestimmen. Die Ableitung des Spiegelungsgesetzes aus dem üblichen schematischen Bild, in dem der gespiegelte *Strahl*, nicht aber der nunmehr unterhalb des Spiegels liegende Bildpunkt betrachtet wird, ergibt eine prinzipiell falsche und für den vorliegenden Fall unbrauchbare Formel.

Ist $\bar{\mathfrak{r}}$ der Vektor des Bildpunktes P (Abb. 82), so ist $\bar{\mathfrak{r}}'$ der Vektor seines Spiegelbildes P'. Wir verbinden PP' und erhalten den Vektor $PP' = \bar{\mathfrak{s}}$. Das Lot $\bar{\nu}$ ist stets ein Einheitsvektor.

Es ist $\bar{\mathfrak{r}}' = \bar{\mathfrak{r}} + \bar{\mathfrak{s}}$. Die Richtung von $\bar{\mathfrak{s}}$ ist $\parallel \bar{\nu}$, die Länge ist $2\,\mathfrak{r} \cos \varepsilon$

Daraus folgt $$\bar{\mathfrak{s}} = -(2\,\bar{\mathfrak{r}}\,\bar{\nu})\,\bar{\nu}$$

Mithin $$\bar{\mathfrak{r}}' = \bar{\mathfrak{r}} - 2\,(\bar{\mathfrak{r}}\,\bar{\nu})\,\bar{\nu} \tag{1}$$

Die Formel ist von Vorzeichen des Lotes ν *unabhängig*, weil $\bar{\mathfrak{r}}_1\,\bar{\nu}_1$ stets das gleiche Vorzeichen hat wie $\bar{\nu}_1$. Dieses ist die Grundformel, aus der wir die Formeln für die Spiegelung an 2,3 bzw. p Spiegeln grundsätzlich ableiten können.

Da es nur darauf ankommt, die Richtung bzw. die Richtungsänderungen des letzten Bildpunktvektors zu analysieren (Fall sich bewegender Spiegel), so bedienen wir uns eines Kunstgriffes, um die Formeln von jedem überflüssigen Ballast zu befreien: die Ablenkung eines Strahles bleibt die gleiche, wenn wir den Spiegel parallel zu sich selbst verschieben, wir verlegen also die Lote aller Spiegel in den Koordinatenmittelpunkt (Lotigel).

Vektorielle Spiegelungsformel für zwei Spiegel

Findet eine zweite Spiegelung an einem Lote $\bar{\nu}_2$ statt, so haben wir:

$$\bar{\mathfrak{r}}'_1 = \bar{\mathfrak{r}}_1 - 2(\bar{\mathfrak{r}}_1\,\bar{\nu}_1)\,\bar{\nu}_1$$

Da die Fußpunkte aller Lote in 0 zusammenfallen, ist $\bar{\mathfrak{r}}_2 = \bar{\mathfrak{r}}'_1$

Analog (1) haben wir für die zweite Spiegelung

$$\bar{\mathfrak{r}}'_2 = \bar{\mathfrak{r}}_2 - 2(\bar{\mathfrak{r}}_2\,\bar{\nu}_2)\,\bar{\nu}_2 \qquad \text{und da} \qquad \bar{\mathfrak{r}}_2 = \bar{\mathfrak{r}}'_1$$

erhalten wir

$$\bar{\mathfrak{r}}'_2 = [\bar{\mathfrak{r}}_1 - 2(\bar{\mathfrak{r}}_1\,\bar{\nu}_1)\,\bar{\nu}_1] - 2\big([\bar{\mathfrak{r}}_1 - 2(\bar{\mathfrak{r}}_1\,\bar{\nu}_1)\,\bar{\nu}_1]\,\bar{\nu}_2\big)\,\bar{\nu}_2$$

und schließlich

$$\bar{\mathfrak{r}}'_2 = \bar{\mathfrak{r}}_1 - 2(\bar{\mathfrak{r}}_1\,\bar{\nu}_1)\,\bar{\nu}_1 - 2[\bar{\mathfrak{r}}_1\,\bar{\nu}_2 - 2(\bar{\mathfrak{r}}_1\,\bar{\nu}_1)\,(\bar{\nu}_1\,\bar{\nu}_2)]\,\bar{\nu}_2 \tag{2}$$

Der eintretende Bildstrahl sowie die konstanten oder veränderlichen Lote ν werden auf ein Koordinatensystem von drei Einheitsvektoren $\bar{\eta}_1, \bar{\eta}_2, \bar{\eta}_3$ (sog. Dreibein) bezogen, die den kartesischen Koordinaten x, y, z entsprechen.

Durch Bildung des skalaren oder vektoriellen Produktes des zuletzt nach p Reflexionen austretenden Strahles mit $\bar{\eta}_1, \bar{\eta}_2, \bar{\eta}_3$ erhält man die Bahn des Bildpunktes auf der Kugel vom Radius $\bar{\mathfrak{r}}^p$. Betrachtet man $\bar{\mathfrak{r}}$ als Einheitsvektor, so ist auch $\bar{\mathfrak{r}}^p$ ein Einheitsvektor. Die Projektion dieser Bahn auf die x, y-, x, z-, und y, z-Ebene läßt sich daraus ableiten.

Die Differentiation der Schlußformel für $\bar{\mathfrak{r}}^{p}$ nach den Veränderlichen (Rotationswinkel oder Schwingungsamplituden) führt zur Ermittlung der Bewegungsverhältnisse.

Berechnung der Flächenteilkoeffizienten nach Berek

Bei der Konstruktion und Durchrechnung optischer Systeme, insbesondere wenn sie neuartig sind, ist die Feinkorrektur eine sehr mühselige Arbeit, denn man muß nach jeder Änderung, die man vorgenommen hat, das ganze Objektiv trigonometrisch durchrechnen, um die neuen Fehlerwerte zu bestimmen. Häufig kommt es vor, daß nur ein einziger der Abbildungsfehler, z. B. der Astigmatismus, verbesserungsbedürftig ist. Es wäre deshalb für den Konstrukteur von größter Bedeutung, wenn es ein Mittel gäbe auf Grund einer einzigen, möglichst einfachen Durchrechnung des Objektivs zahlenmäßige positive und negative Werte zu erhalten, mit deren Hilfe man wiederum für die fünf Hauptfehler des Objektivs, sphärische Aberration, Sinusbedingung, Astigmatismus, Bildfeldwölbung und Verzeichnung positive und negative Werte für jede einzelne Fläche errechnen könnte, aus denen wenigstens qualitativ der Anteil der Fläche an jedem einzelnen dieser Fehler ersichtlich wäre. Diese Theorie ist von dem Astronomen L. Seidel entwickelt worden, auf Grund deren man aus der paraxialen Durchrechnung Werte findet, die in die von Seidel entwickelten und von Berek in eine besondere für den praktischen Gebrauch günstige Form gebrachten Formeln eingesetzt worden, die diesen Anteil der einzelnen Flächen an den verschiedenen Fehlern berechnen lassen. Diese Werte nennt man die Flächenteilquotienten.

Für jede einzelne Fläche bekommt man also bei Benutzung dieser Formeln eine positive oder negative, kleine oder große Zahl, welche ein Maß für den Beitrag ist, den diese Fläche im positiven oder negativen Sinne zu dem Fehler leistet.

Sieht man eine solche Tabelle an, so erkennt man, bei welchen Flächen man anzusetzen hat, um diesen oder jenen Fehler zu verkleinern ohne einen anderen zu vergrößern. Das Verfahren ist auch für Beleuchtungssysteme zu empfehlen, und man wird dabei entdecken, daß es durchaus nicht immer zweckmäßig ist, die sog. bewährten Wege zu gehen und alten Traditionen treu zu bleiben. Nebenstehend ein Zahlenbeispiel für eine solche Durchrechnung, die wir dem Entgegenkommen des VEB Carl Zeiß, Jena, verdanken.

Zahlenbeispiel für die Berechnung der Flächenteilkoeffizienten nach BEREK

(Nach einer Vorlage des VEB Carl Zeiß, Jena)

	r_1		r_2		r_3		r_4		r_5		r_6
	0.37133		∞		0.55167		0.3675		1.26556		0.43226
∞		0.0736 (d_1)		0.0987 (a_1)		0.0256 (d_2)		0.0871 (a_2)		0.0641 (d_3)	
		n_D 1.59060				n_D 1.62393				n_D 1.62136	
Fläche Nr.:	1		2		3		4		5		6

Paraxiale Durchrechnung zur Ermittlung der s- und s'-Werte

	+ 1.00006	s'_1
d_1	− 0.0736	2
	+ 0.92646	
	1.07944	s_2
	+ 0.58246	s'_2
a_1	− 0.0987	3
	+ 0.48376	
	1.29967	s_3
	+ 2.06714	
	− 1.13098	
	+ 0.93616	
	+ 1.73467	s'_3
d_2	− 0.0256	4
	+ 1.70907	s_4
	1.31913	
	+ 0.95018	
	− 1.69777	
	− 0.74759	
	− 1.33763	s'_4
a_2	− 0.0871	5
	− 1.42473	
	1.23848	s_5
	− 0.701887	
	+ 0.490976	
	− 0.210911	
	− 7.6874	s'_5
d_3	− 0.0641	6
	− 7.7515	s_6
	1.22823	
	− 0.20917	
	+ 1.43747	
	+ 1.22830	
	+ 0.81413	s'_6
	$f = 1.000$	

1) $\dfrac{h_\nu}{h_1} = \dfrac{s_2 \cdot s_3 \cdot s_4}{s'_1 \cdot s'_2 \cdot s'_3} \cdots$

2) $Q = n_\nu \left(\dfrac{1}{r_\nu} - \dfrac{1}{s_\nu}\right)$

3) $\varDelta\left(\dfrac{1}{ns}\right) = \dfrac{1}{n'_\nu s'_\nu} - \dfrac{1}{n_\nu s_\nu}$

4) $\varepsilon_\nu = \dfrac{1}{\left(\dfrac{h_\nu}{h_1}\right)^2 \cdot Q_\nu}$

5) $\delta_\nu = \sum\limits_{\mu=2}^{\nu} \dfrac{e'_{\mu-1}}{n_\mu \dfrac{h_{\mu-1}}{h_1} \cdot \dfrac{h_\mu}{h_1}}$

6) e'_μ = **Dicken und Abstände**

7) $\tau = \varepsilon_\nu + \delta_\nu$

8) $\varDelta\left(\dfrac{1}{n}\right)_\nu = \dfrac{1}{n'_\nu} - \dfrac{1}{n_\nu}$

9) $A_\nu = \left(\dfrac{h_\nu}{h_1}\right)^4 Q_\nu^2 \varDelta\left(\dfrac{1}{ns}\right)_\nu$ **sphärische Aberration**

10) $B_\nu = \tau_\nu \cdot A_\nu$ **Sinusbedingung (Koma)**

11) $\varGamma_\nu = \tau_\nu \cdot B_\nu$ **Astigmatismus**

12) $P_\nu = -\dfrac{1}{r_\nu} \varDelta\left(\dfrac{1}{n}\right)_\nu$ **Petzvalkrümmung**

13) $\square_\nu = \tau_\nu(\varGamma_\nu + P_\nu)$ **Verzeichnung**

Berechnung der Flächenteilquotienten nach BEREK

Nr.	$\frac{h_\nu}{h_1}$	$\left(\frac{h_\nu}{h_1}\right)^2$	Q	$\left(\frac{h_\nu}{h_1}\right)^2 Q$	$\Delta\left(\frac{1}{ns}\right)$	A	$h_{-1}nh$[1]	$\frac{e'_{\mu-1}}{h_{-1}nh}$
1	1.0000	1.0000	+ 2.6930	+ 2.6930	+ 0.6287	+ 4.5595		0.0000
2	0.9264	0.8582	— 1.7169	— 1.4734	+ 1.0383	+ 2.2540	1.4735	0.0499
3	0.7694	0.5920	— 3.8798	— 2.2968	— 1.7122	— 9.0322	0.7123	0.1386
4	0.7581	0.5747	+ 3.4687	+ 1.9935	— 1.1079	— 4.4038	0.9472	0.0270
5	0.8074	0.6519	+ 1.4921	+ 0.9727	+ 0.6217	+ 0.5882	0.6121	0.1423
6	0.8142	0.6629	— 3.5417	— 2.3478	+ 1.3079	+ 7.2103	1.0659	0.0601
						+ 1.1768		

Nr.	δ	ε	τ	B	Γ	P	$\square$
1	0.0000	+ 0.3713	+ 0.3713	+ 1.6929	+ 0.6286	+ 0.9999	+ 0.6047
2	0.0499	— 0.6787	— 0.6288	— 1.4173	+ 0.8912	— 0.0000	— 0.5604
3	0.1885	— 0.4354	— 0.2469	+ 2.2301	— 0.5506	— 0.6965	+ 0.3079
4	0.2155	+ 0.5016	+ 0.7171	— 3.1580	— 2.2646	— 1.0455	— 2.3737
5	0.3578	+ 1.0281	+ 1.3859	+ 0.8152	+ 1.1298	+ 0.3028	+ 1.9854
6	0.4179	— 0.4259	— 0.0080	— 0.0577	+ 0.0005	+ 0.8866	— 0.0071
				+ 0.1052	— 0.1651	+ 0.4473	— 0.0432

[1] $h_{-1}nh = n_\mu \frac{h_{\mu-1}}{h_1} \cdot \frac{h_\mu}{h_1}$ (s. Gl. 5)

	Logarithmen	Numeri	$n \cos^2$ — Werte
u_0		u_0 20′8′ 11″ +	
N_1	0.72602 +		$\cos i_1$ 9.99603
$: r_1$	1.59660 +		$\cos^2 i_1$ 9.99206
$= \sin i_1$	9.12942	i_1 74932	$\cdot n$ 0.00000
$: n_1$	0.21026 —	i'_1 44543	= 9.99206
$= \sin i'_1$	8.91916	Δi_1 25849 (—)	$\cos i'_1$ 9.99851
$\cdot r_1$	1.59660		$\cos^2 i'_1$ 9.99702
$= N'_1$	0.51576 +		$\cdot n_1$ 0.21026
$\frac{1}{N'_1}$	9.48424	u_1 17920 (+)	$n_1 \cos^2 i'_1$ 0.20728
$\sin (i - i')$	8.71594		
$\frac{n'_1 \cos i'_1 - n_1 \cos i_1}{r_1}$	8.20018		
$M_1 P$	1.53466 —		
$\sin u_1$	9.46977 +		$\cos i_2$ 9.9802…
	1.00443 — →	10.1026 —	$\cos^2 i_2$ 9.9604…
		3.27915 +	$\cdot n_1$ 0.21026
	0.83400 ←	—6.82345 (—)	$= n_1 \cos^2 i_2$ 0.17074
$: \cos u_1$	9.98024		
$= h_2$	0.85376		
$\cdot \cos u_2$	9.94349		$\cos i'_2$ 9.94349
$= A$	0.79725 →	6.2697 —	$\cos^2 i'_2$ 9.88698
			$\cdot n_2$ 0.00000
	$i_2 = u_1$	da $r_2 = \infty_1$ ist $u_2 = 2\, i'_2$	$= n_2 \cos^2 i'_2$ 9.88698
$\sin i_2$	9.46977 +		
$\cdot n_1$	0.21026 +		
$= \sin i'_2$	9.68003 +	u_2 28 35 23 +	
$\cdot PM_3$	1.58546 —		
B	1.26549 — →	18.4284 —	
A		6.2697 —	
$A + B = N_3$	→	24.6981 —	
N_3	1.39266 —		$\cos i_3$ 9.93155
$: r_3$	1.67669 —		$\cos^2 i_3$ 9.86310
$= \sin i_3$	9.71597	i_3 31 19 46	$\cdot n_2$ 0.00000
$: n_2$	0.20290 —	i'_3 19 1 10	$n \cos^2 i_3$ 9.86310
$= \sin i_3$	9.51307	Δi_3 12 18 36 (—)	$\cos i'_3$ 9.97562
$\cdot r_3$	1.67669		$\cos^2 i'_3$ 9.95124
$= N'_3$	1.18976 —		$\cdot n_3$ 0.20290
$\frac{1}{N'_3}$	8.81024		$n_3 \cos^2 i'_3$ 0.15414
$\sin \Delta i_3$	9.32879	u_3 16 17 47 +	
$\frac{n'_3 \cos i'_3 - n_3 \cos i_3}{r_3}$	8.13903		

f'

fe					
n)	0	8.20018	0.21026 +		102.345
		(+)	8.20016 +		4.532
			2.01008 +		97.813
32	0.21026 +	0	0		60.274
	1.99039 +		8.21987 +		10.181
	8.21987 +		1.78013 +		50.093
	0	8.13902	0.20290	199632 +	257.71
	1.69977 +	(—)	7.79169 +	137731 —	
	8.30023 +		2.41121 +	61901 +	

usw.

t'

	0	8.20018	0.20728 +		101.647
		(+)	8.20018 +		4.532 —
			2.00710 +		97.115 +
					(+)
	0.17074 +	0	9.88698 +		50.526
1	1.98728 +		8.18346 +		10.181
	8.18346 +		1.70352 +		40.345
					(+)
	9.86310 +	8.13903	0.15414 +	180846 +	
	1.60579 +	(—)	7.63463 +	137731 —	330.75
	8.25731 +		2.51951 +	43115 +	(+)

usw.

Die Isoplanasie-Bedingung nach BEREK

Auch in dem Falle, daß bei der Abbildung eines Achsenpunktes Paraxial- und Randstrahl sich in einem Punkte schneiden, also sphärische Korrektion vorliegt, sind damit dennoch nichtbeseitigte Reste sphärischer Aberration vorhanden. Die Sinusbedingung wurde unter der Voraussetzung abgeleitet, daß die Achsenschnittpunkte der ineinander abgebildeten Flächenelemente fehlerfrei erfolgt. Sind nun, wie oben dargelegt, Reste sphärischer Aberration vorhanden, so erscheint der Wert der Sinusbedingung fraglich. Soll trotz vorhandener Reste der sphärischen Aberration die Abbildung außerachsialer Flächenpunkte keine Verschlechterung aufweisen, so muß, wie man sich leicht vorstellen kann, die Kaustik der schiefen Büschel kongruent der Kaustik eines auf der Achse liegenden Punktes sein. Die analytische Behandlung des Problems ist durch E. LIHOTZKY[1] und F. STAEBLE[2] erfolgt. Um die gestellte Forderung zu verwirklichen, muß die von BEREK abgeleitete sogenannte Isoplanasie-Bedingung erfüllt werden. (Siehe BEREK, Leitfaden der Praktischen Optik S. 70—75).

Die Isoplanasie-Bedingung für den Fall, daß $s_1 \neq \infty$, das Objekt sich also in endlichem Abstande befindet, lautet

$$S'_k - s'_k = \frac{s' - z_k}{\beta'_s}\left\{\frac{n_1}{n'_k}\frac{\sin u_1}{\sin u'_k} - \beta'_s\right\}$$

Hierin bedeutet

S'_k die Schnittweite des Strahles endlicher Öffnung, gerechnet vom Linsenscheitel,

s'_k die Schnittweite des parachsialen Strahles, gerechnet vom Linsenscheitel,

β'_s den Abbildungsmaßstab,

z'_k die Abscisse der Blende vom Linsenscheitel aus gerechnet.

Die übrigen Bezeichnungen bedürfen keiner Erklärung.

Für den Fall, daß $s_1 = \infty$ wird, geht die Gleichung in die Form über:

$$S'_k - s'_k = \frac{s'_k - z'_k}{f}\left\{\frac{n_1 H_1}{n'_k \sin u'_k} - f\right\};$$

f ist die parachsiale Brennweite.

[1] E. LIHOTZKY, Wiener, Ber. Bd. 128, S. 85—90. 1919.

[2] F. STAEBLE, Münchener Ber. 1919, S. 163—196.

LITERATURVERZEICHNIS

CZAPSKI: Grundzüge der Theorie der optischen Instrumente nach ABBE. Leipzig, *Barth*, 1923.

GLEICHEN: Lehrbuch der geometrischen Optik, Leipzig und Berlin, Teubner 1902.

—, Leitfaden der praktischen Optik, Leipzig, *W. Hirzel*, 1906.

—, Theorie der modernen optischen Instrumente, Stuttgart, *Encke* 1923.

KÖNIG: Geometrische Optik, Handbuch der Experimentalphysik, *Harms & Wien*, Bd. 20, Akademie-Verlagsgesellschaft Leipzig 1929.

BOEGEHOLD: Geometrische Optik, Gebr. *Bornträger*, Berlin 1927.

HINRICHS: Einführung in die geometrische Optik, *Göschen* 1918.

NAUMANN: Das Auge meiner Kamera, *Wilhelm Knapp*, Halle (Saale) 1940.

NAUMANN: Optik für Konstrukteure, *Wilhelm Knapp*, Halle (Saale) 1949.

GEIGER u. **SCHEEL**: Handbuch d. Physik, Bd. XVIII, Geometrische Optik, *Julius Springer*, 1927.

CHWOLSON: Lehrbuch der Physik, Bd. 2, Abt. 2, *Viehweg & Sohn*, 1922.

PICHT: Zeitschr. Optik, Bd. 8, 1951. Über ein Spiegelsystem mit Aufhebung der sphärischen Aberration und strenger Erfüllung der Sinusbedingung.

KOEHLER: Astron. Nachr., Bd. 278, Heft 1 (Grundlegende Arbeit über das Problem der Spiegel-Optik).

BEREK: Grundlagen der Optik, Verlag *Walter de Gruyter*, Berlin-Leipzig, 1930.

SACHVERZEICHNIS

FSC
www.fsc.org
MIX
Papier | Fördert
gute Waldnutzung
FSC® C083411

Zeitfracht Medien GmbH
Ferdinand-Jühlke-Straße 7
99095 Erfurt, Deutschland
produktsicherheit@kolibri360.de